マンガで
やさしくわかる
マーケティング

超好懂商業入門

# 市場行銷

Marketin

安田貴志 著
重松延壽 繪　丁冠宏 譯

# 序言

各位讀者為什麼拿起這本書呢？

「我想要賣出更多商品」、「我想研發讓客人感到高興的商品和服務」、「我目前從事零售、推銷的工作，想要了解市場行銷的基礎思維」等等，我想，讀者多是工作上想活用市場行銷的人吧。

「在步入社會之前，我想要先接觸市場行銷。」

「在職場上，能說出市場行銷的觀念會比較有利！」

「課堂上的市場行銷太艱深難懂，我想先翻閱簡單的書籍掌握住整體的概念。」

「我想要學的不是課堂上的東西，而是能付諸實踐的市場行銷。」諸如此類，我想，也有這樣需求的讀者吧。

市場行銷是「用以提升工作效率、提高人生品質的工具」。

如果能在各式各樣的商務、經營上，活用市場行銷的知識，不僅可以增進工作品質，還能提高效率，連帶營收、利潤、薪資、收入都會有所提升。在資訊落差兩極化的現代社會，市場行銷堪稱不可欠缺的工具。

除了企劃、業務、販售上的相關人士之外，即使是擔任事務性質的工作，從工作方式、簡報製作到日常的談話溝通，在各種場面也都能應用到市場行銷的知識。再來，若是從事專業技藝性質的工作，如果懂得市場行銷，就能提升大家對你的技術及作品的評價，使客人願意掏錢購買。

本書是以「簡單易懂的漫畫」形式，傳達「市場行銷」的知識及如何運用這些技術。為了方便更多讀者理解，故事舞台選在市區的老字號饅頭店。這是一間電視連續劇上經常會看到的店鋪，登場的角色有守護店鋪的夫婦、疲於都會生活的女主角……等等。某天突然出現的兩位稀客，為這篇故事揭開序幕。讀者可以透過漫畫體驗模擬的行銷現場，藉由文字解說學習市場行銷的知識。

本書針對自己開店的人、在公司擔任行銷相關業務的人，以及「想要提升工作效率、提高人生品質」的人，嚴選統整可應用於商務、私人生活的思維與關鍵。經由漫畫搭配文字解說來閱讀，使讀者能夠快速理解、記下內容，並內化成為自己的知識。

如果讀者可從本書感受到「提升工作效率、提高人生品質」，那將是我最高的榮幸。

安田貴志

2014年2月

超好懂商業入門　市場行銷　目次

序言……003

# Part 1

## 什麼是市場行銷？

Story 1　突然出現的是窮神或救世主？……014
01　市場行銷的「邏輯」與「情感」……040
02　根據狀況改變稱呼的「買方」……042
03　市場行銷的「三個視點」……045
04　什麼是市場行銷？……048
05　行銷概念的演變過程……050

06 市場行銷的範圍……052
Column1 蒐集市場意見的方法……054

# Part 2
# 速效行銷的利弊

Story 2 靠口碑真的能讓客人增加？……056
01 口碑傳播的「病毒式行銷」……066
02 口碑產生的輔助機制……068
03 口碑效果高的商品及服務……070
04 加速口碑形成的關鍵……072

老爸！看到了嗎？客人增加了呢！
這就是市場行銷的力量！這樣就沒問題了吧。

# Part 3

# 了解購買商品的客人

Story 3 客人真正的需要是？……076

01 說明購買行為的「AIDMA法則」……086

02 「科特勒的購買決定過程」……090

03 人的兩大欲求「需要」與「想要」……092

04 結合「需要」與「想要」來思考……094

05 理解人類的欲求……096

06 領先潮流的人與落後潮流的人……098

那兩個孩子一開始並不知道這裡的饅頭。這樣他們會想要饅頭嗎？
不會。因為不知道，應該不會想要才對。

# Part 4

# 整理自家公司與競爭對手的關係


Story 4 出現盜版的鞠樣饅頭!! ……102

01 分析顧客、競爭對手與自家公司……112
02 掌握公司的優勢與劣勢、外部的機會與威脅……114
03 結合內部因素與外部因素擬定對策……116
04 分成五個要素進行分析……120
05 決定「賣給誰」、「賣什麼」與「怎麼賣」……122
06 各種行銷策略……124
07 創造競爭優勢……126
08 根據市場定位改變競爭方式……128

## Part 5

# 思考到底要賣給誰


Story 5 玉屋的新客人？……132
01 連結商品與客人的「STP」……140
02 劃分相似的生活者……142
03 圖像化生活者的認知……148
04 目標市場改變，商品概念也會有所不同……150
Column2 遴選生活者的原則……154


## Part 6

# 決定4P


Story 6 製作迷你版鞠樣饅頭！……156

01 什麼是市場行銷4P？……180
02 Product①商品差異化的重點……182
03 Product②品牌是什麼？……184
04 Product③品牌的構成要素……186
05 Product④商品的壽命——「商品生命週期」……188
06 Promotion①拉式策略與推式策略……192
07 Promotion②各種溝通管道……194
08 Promotion③各種廣告的特徵……196
09 Promotion④公共關係（PR）的效果……198
10 Promotion⑤各種販售促銷方式……200
11 Price①決定價格的三個方法……202
12 Price②由需求決定價格……204
13 Price③價格設定與消費者的價格心理……206
14 Place①檢討商品的流通方法……208
15 Place②掌握商圈的特性……210
16 Place③批發的各種機能……212
Column3 當前產品策略的整理與對策……214

# Part 7

# 與客人建立長期關係

Story 7 兩人最後的訊息……216
01 擄獲客人芳心的重要性……230
02 構成顧客滿意的「本質機能」與「表層機能」……234
03 抓住上層顧客……236
04 為什麼顧客滿意度那麼重要？……238
參考文獻……240
索引……244

# Part 1

# 什麼是市場行銷？

嗚喔喔
我要……
開除妳
啊——!
突然出現的
是窮神
或救世主？
Story 1
いやあああああ
※哀號
現在回想起來，
那就是我
不幸的開始。

我……是不是被窮神給纏上了啊……
最近，總是搞砸事情……
沒、沒事的啦！麻里萌！妳瞧，我們公司最近不是經營不順嗎？
部長大概是被上頭逼迫，才這麼焦躁啦。
為什麼那個企劃案不行呢……
明明把暢銷的要素全部加進去了。
我想部長也不是真心想要開除妳，對了，今天我們就去喝一杯吧！
不用了。我還是去找帥哥男友安慰我吧。
妳……妳這樣會沒朋友喔。

咦……？
你、你剛才說什麼……？
我說……
我們還是分手吧。
為…為什麼……

為什麼？
我……
哪裡不夠好？
我今天
也煮了小健
喜歡吃的菜！
為了小健，
我都做到這個
程度了……！
我就
直說了！
妳這樣
很煩人啦！
或許妳是認為
什麼事情都
替我做好決定
會讓我開心……！
但這只是強迫別人
接受妳的想法！

ピンポーン
ピンポーン
※叮ー咚ー
麻里萌……？
咦…門沒有鎖？
妳在家嗎？
我進來了喔？
真是的…昨天打電話給妳也不接，
到底怎麼了…
不要啊——！
麻里萌……！
麻里萌死亡
麻、麻里萌，發生什麼事了？
啊…繪里子……沒事的，不用管我。
我不想反抗了，就這樣默默地等著窮神自己離開吧……
まりもぉぉぉ……
※麻里萌ー

真是的……麻里萌過年不是沒有回老家嗎？
趁這個機會
回去久違的老家，好好放鬆一下吧。
部長那邊我也會好好跟他解釋的。
ゴトンッ……
ゴトンッ……
ガタンッ……
ガタンッ……
駅
歡迎回來，
……麻里萌。
老媽……

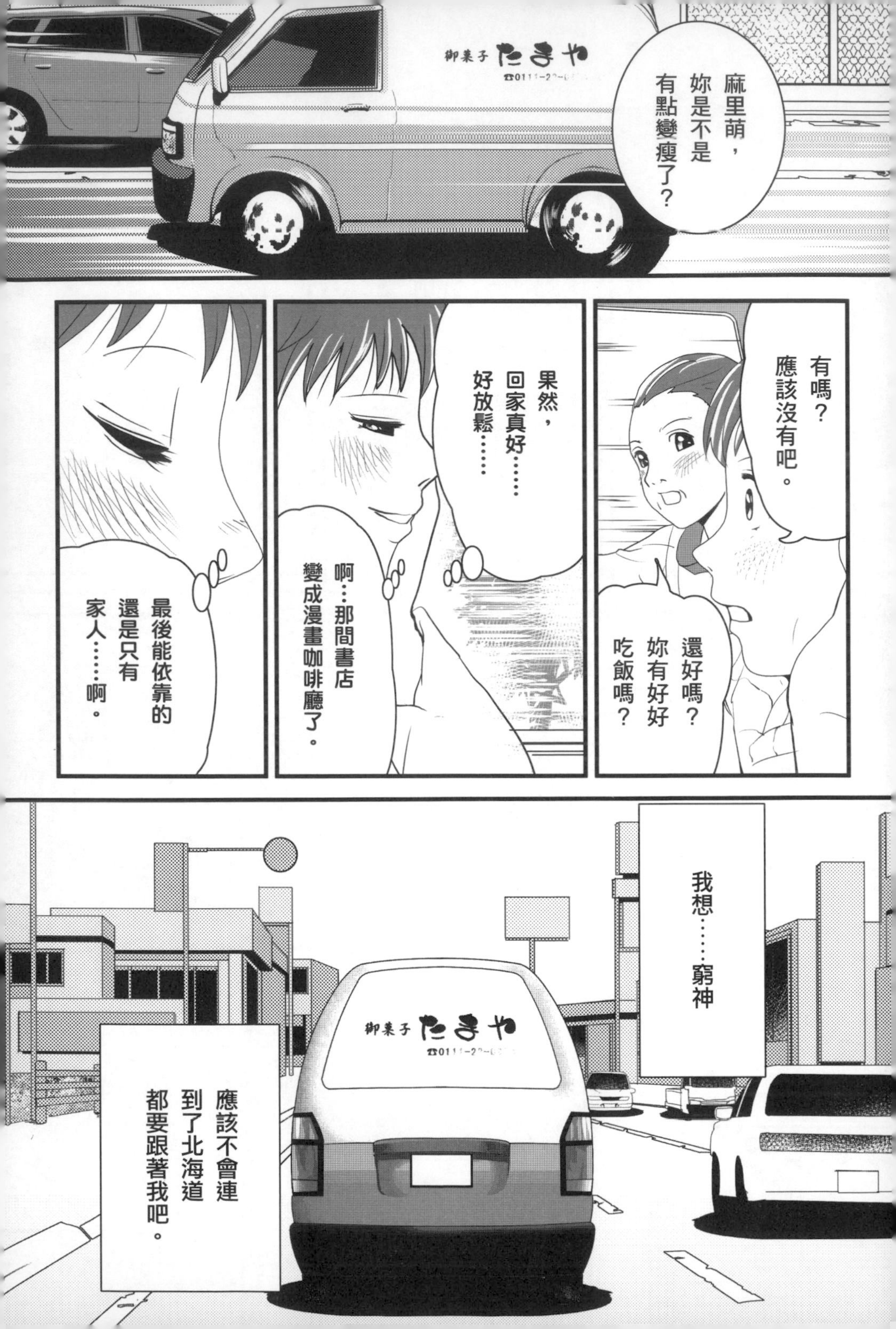

御菓子 たまや
麻里萌，妳是不是有點變瘦了？
有嗎？應該沒有吧。
還好嗎？妳有好好吃飯嗎？
果然，回家真好……好放鬆……
啊…那間書店變成漫畫咖啡廳了。
最後能依靠的還是只有家人……啊。
我想……窮神
應該不會連到了北海道都要跟著我吧。
御菓子 たまや

我回來了！
御菓子 たまや
※日式點心 玉屋
我的老家是從明治時代經營至今，已有120年的老字號饅頭店。
……喔。
其中，「鞠檬饅頭」是創業以來的招牌商品，有許多老顧客都是為它而來。

孩子的爸真是的……
女兒這麼久才回來一趟……
要吃飯嗎？
我在飛機上吃過了。
那趕快去洗澡吧。
呼…好久沒有回來的家……還是跟以前一樣的房間……
果然，請有薪假回家是對的……
明天難得孝順一下父母吧……
就決定是這傢伙？
嗯……怎麼說呢？
感覺一臉倒楣相？
再看一下情況吧。

早安！
老媽，我也到店裡幫忙。
真的？那就麻煩妳顧店。
沒問題！
提起精神努力開店囉～！
……
給我等一下……
已經三點了？
從早上就完全沒有客人上門！這是怎麼回事？

老爸！
吵死了！現在還是會有老顧客來光顧。
這樣就夠了！
還是會來光顧……這種情況是什麼時候開始的？
這樣子店鋪要怎麼經營下去？
其實……今年生意一直都是這個樣子。
等一下……給我等一下……！
我想說回來北海道就能甩掉……！
該不會我還沒有逃脱窮神的魔掌吧？
ブロロ…
唧！

ガラ ガラ
※開門聲
有客人了！
呦！下午好。
你是……！
愛裝模作樣、又自大，
非常抱歉……
什麼…！
怎麼會這樣!!
從學生時代不管被我拒絕幾次，還是持續告白的木座成男！
好久不見啊，麻里萌。一聽到妳回來，我就趕來了喔。

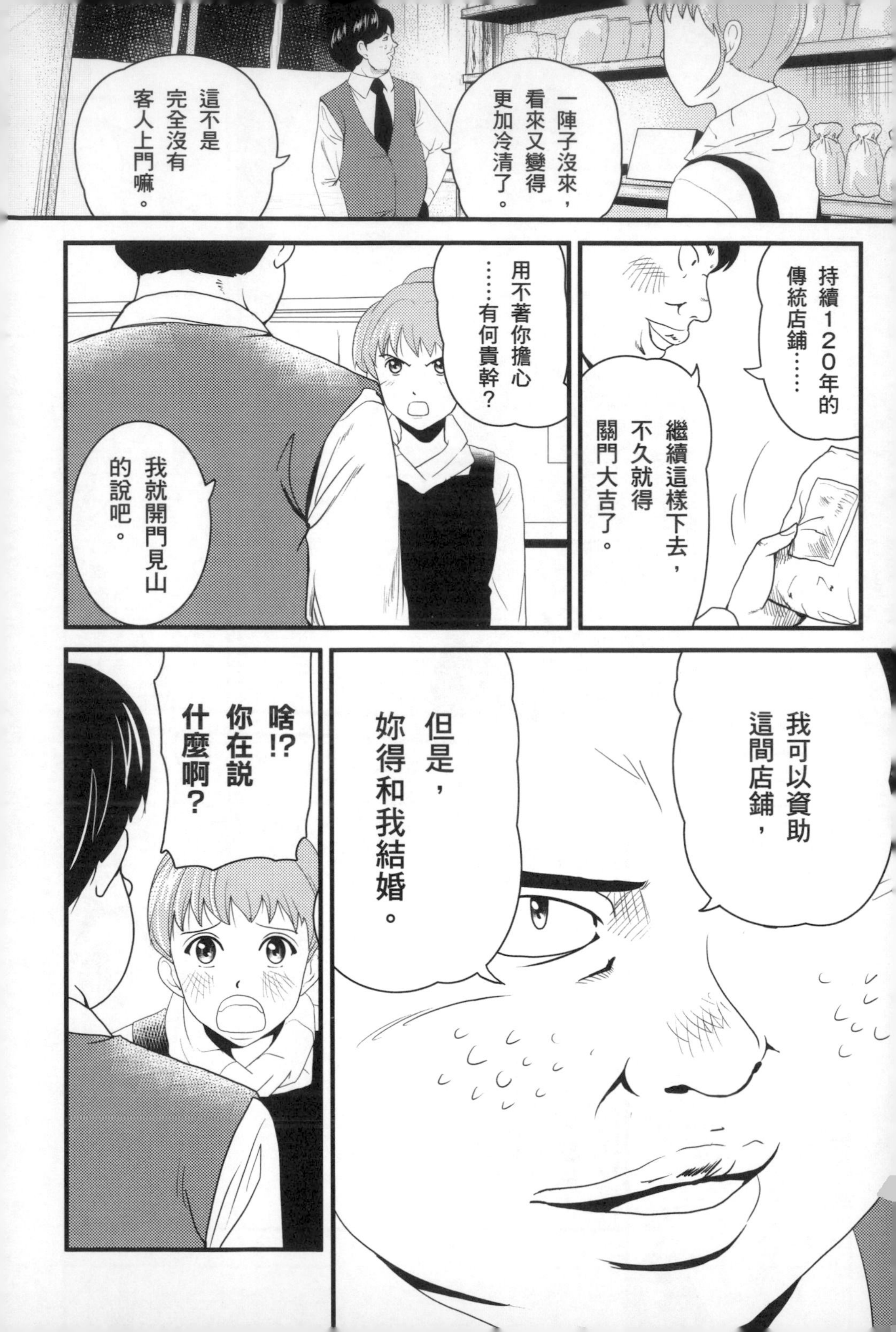
一陣子沒來，看來又變得更加冷清了。
這不是完全沒有客人上門嘛。
持續120年的傳統店鋪……
繼續這樣下去，不久就得關門大吉了。
用不著你擔心……有何貴幹？
我就開門見山的說吧。
我可以資助這間店鋪，
但是，妳得和我結婚。
啥!?你在說什麼啊？

我想妳也知道，我家可是整個北海道最大的點心廠。
讓這間店擺脫困境是易如反掌。這件事我已經跟妳的雙親說明過了。
其實……從幾個月前，木座點心廠的人
就來談過要併購我們的店。
也就是，如果成為木座點心廠的子公司，他們就願意資助這間店。
噓！這件事老早就回絕了。我們店和大廠不同，一直有固定的客人。
只是，我這邊還有一項條件，就是妳得和我結婚。
所以說，為什麼會這樣？
妳甩了我！明明妳是我第一次覺得在一起也不錯的女性……
在那之後，一定很多人在背後說「那個人被甩了呢」。妳能了解這種痛苦嗎！

我想要的東西，沒有什麼是得不到的！
少瞧不起人了！我怎麼可能為了那麼愚蠢的理由結婚？
你那目中無人的態度，我從以前就非常討厭！我才不會跟你結婚！
什麼……竟然拒絕我？
妳、妳以為自己還有選擇的權利嗎!?
當然，所以才拒絕！資助店鋪的交換條件是和你結婚，哼！
我就把話講白了，與其和你結婚，
我寧可繼續這樣不幸下去！

什麼……！
嗚……
沒、沒關係。反正繼續這樣下去，這間店也只能宣布倒閉。
不用多久，妳就會自己主動來求我了。
到那個時候……我想想，妳就雙膝下跪，再磕頭道歉說：「拜託請和我結婚。」這樣我就答應妳。
誰要那麼做！
趕快滾回去，這個自戀混蛋！
喂，拿鹽巴過來。

是怎樣……！
到底是怎麼回事啊！
傻孩子！
妳趕快回東京，擔心自己的工作吧。
雖然老爸那麼說，但老媽也是一樣。
拿麻里萌的幸福去交換什麼的…………店裡的事妳什麼都不用擔心。
我絕對是被詛咒了……
去驅邪清淨一下會比較好吧……
不幸不斷來敲門……我也真是不走運了吧……
……
唉……

果然，她看起來非常不幸……
真的。就決定是她吧。
就是你吧!!

伊蒙——!!
噗啊!
終於被我找到了,窮神!果然就是你!就是你害我不斷遭受不幸。
竟然追我追到北海道這窮鄉僻壤!
沒事吧!伊蒙!
我現在立刻就把你們抓去驅邪!做好覺悟吧~!
哇啊啊,等、等一下,妳誤會了啦。
※慘叫

我是羅吉。
我是伊蒙。
我們是侍奉天界之一的「市場行銷界」的傳教士。
市場行銷界？
傳教士？那是什麼？
是的。我們因為一些原因被天界放逐。

為了返回天界，我們必須使用市場行銷的力量拯救某個人的人生才行。
這幾天，我們到處尋找需要我們的人類。
妳！看起來非常不幸的妳，正好符合我們的目標!!
不……不用你們多管閒事！
而且，我還沒有完全相信你們！
再說，我們才見面，你們哪知道發生了什麼事情！
我們知道喔。為了拯救即將倒閉的老家，妳被迫和不喜歡的對象結婚嘛。
你們看到了？
在公司工作總是失敗，老家的饅頭店又面臨倒閉問題。
更慘的是最近還被男朋友甩了。
那、那跟這件事沒有關係吧！
不對……未必沒有關係喔，我們來做個測驗吧。

妳有毛巾嗎？
這條可以嗎？
我們過來的時候，經過了一條充滿灰塵的通道。
現在想要擦臉。把那條毛巾給我們吧。
但是，毛巾只有一條，
妳知道我們兩個人中，真的想要那條毛巾的是誰嗎？
……

應該是你吧。
為什麼會這樣想？
因為他的臉弄得很髒。
果真是如此嗎？
哎？什麼意思？
我們兩人都走過了充滿灰塵的通道，
但都不知道自己臉上現在的情況喔。
我看到羅吉一臉乾淨，
會認為自己的臉也一定沒有弄髒。
我看到伊蒙一臉髒汙，
會認為自己也像這樣灰頭土臉。
也就是說，現在想要那條毛巾的人
應該是我才對。

…！
這樣啊……！
現在的妳只是以外表跟自己的想法來判斷銷售的對象。
但是，妳完全沒有考慮到對方的感受或者是想要什麼樣的東西。
這可以套用到任何事上。
工作不用說，男朋友更是如此。或許妳覺得這是為對方著想，但從來沒有想過對方可能不喜歡這樣吧？
咦……

什麼？
哪裡不夠好？
了小健
吃的菜！
為了小健，我都做到這個程度了……！
說了！
妳這樣很煩人啦！
或許妳是認為什麼事情都替我做好決定會讓我開心……！
但這只是強迫別人接受妳的想法！
最近，總是搞砸事情……
為什麼那個企劃案不行呢……
明明把暢銷的要素全部加進去了。

站在對方的立場思考，想像對方的感受，
這就是市場行銷的思考方式。
回到前面的話題……簡單來說，只要老家的饅頭店業績恢復，就沒有任何問題了嘛。
嗯……？嗯，這麼說也沒錯。
我們來助妳一臂之力！
要是能幫上妳的忙，我們也能夠返回大界！
雙方的利害一致嘛。
……突然出現的2位傳教士，
雖然說要用市場行銷的力量幫助我……但真的可以相信這兩個孩子嗎？

# 01

# 市場行銷的「邏輯」與「情感」

在35頁伊蒙和羅吉提出的問題，你的答案是什麼呢？看著一臉髒汙的伊蒙和一臉乾淨的羅吉，你怎麼看兩人的說明呢？

你是和麻里萌一樣，選擇「一臉髒汙的伊蒙」呢？還是和伊蒙他們說的一樣，選擇「一臉乾淨的羅吉」呢？

我經常在討論會上提出相同的問題，有趣的是，答案會因職業而有所不同。從事市場行銷相關工作的人、工作性質接近業務或者經營的人等，原本市場行銷意識就很高的人，傾向選擇一臉乾淨的羅吉；擔任開發或者事務性質的工作，過去不怎麼接觸市場行銷的人，傾向選擇一臉髒汙的伊蒙。

在討論會上，為了讓成員體驗設身處地為客人（對方）著想，我都會提出這個問題。然後，待每個人都選擇了其中一邊後，我接著會問：「如果毛巾需要收費，但仍然想讓客人購買的話，你應該如何搭話呢？」從自身經驗、知識，思考刺激客人（對方）想要得到商品的對話。這樣可讓參與討論的人體會到，市場行銷其實無所不在，每個人多多少少都曾使用行銷手段。

伊蒙和羅吉此次的提問，讓麻里萌回想起前面的失敗。包括自我本位的企劃擬定、一廂情願的談話溝通等等，我想，各位過去也都有過類似的經驗吧。

**市場行銷是透過與人溝通後，讓消費者願意掏錢購買商品、服務的工具及手法。**站在對方立場來考慮對方的心情，是非常重要的事情。另一方面，擬定引導他人購買商品、服務的策略或者戰術，因應狀況的判讀、預測的提案，這些都需要一套有理論根據的思維。

**唯有據理思考的「邏輯」和打動人心的「情感」兩相結合，才能將市場行銷發揮到極致。**在Ｐａｒｔ１，將會介紹市場行銷學上應該要知道的基本概念。

02

# 根據狀況改變稱呼的「買方」

想要了解市場行銷，必須先了解相關的「登場人物」。從製造、販售到購買者，若是想要了解商品與服務動向，不妨先回想一下日常購物的情境。

在市場行銷中的「登場人物」，簡單來說有商品的「賣方」和「買方」。再進一步細分的話，還會出現複數人物或者是法人組織。

由廠商製造出成品，經由批發商、零售商流通到市場，再由消費者購買商品。一開始的廠商中，還可細分商品的企劃負責人、開發負責人及製造者等。在將商品交到買方手上的零售商中，有向廠商購買商品的採購人、販售商品的銷售員，還有刺激買方購買商品的廣告負責人與宣傳負責人等，當中牽扯到各式各樣的人物。

從零售商購買商品的買方，稱為最終消費者。在市場行銷界中，即便同樣是買方，也會因立場、自身狀況不同而改變稱呼。**當買方的稱呼改變，針對買方的思考與對應方式也會有所不同。**

例如，雖然統一稱為「買方」，先不管過去有無購買過相同的商品，腦中都會浮現購買商品、以購買為前提的各種想法，這些都會讓人對「購買商品的人」產生印象。

即便想要帶入市場行銷的技巧，腦中卻只專注於刺激購買的宣傳（促銷對策），不容易注意到那些人並不曉得商品的存在，進而忽略必須先引起對方興趣，且讓他們了解商品資訊的行為。

為了避免這樣的風險，有幾間百貨公司及雜貨量販店等都不將販售商品的區域稱為「賣場」，而是稱為「買場」，力求站在消費者的立場待客，提升其服務品質。

關於買方的稱呼，在44頁整理了相關稱呼及其代表的意義，讀者可以根據需要來對照確認。

## 買方的各種稱呼

| | |
|---|---|
| **顧客** | 已有購買經驗或使用經驗的買方。 |
| **消費者** | 實際消費過或者預計消費某項商品或服務的人。 |
| **客人** | 商品或服務的全體買方。 |
| **潛在顧客** | 企業實施市場行銷區域的居民中，可能成為顧客的人。 |
| **生活者** | 企業實施市場行銷區域的所有居民，包含不會成為顧客的人。 |

## 生活者、顧客與消費者

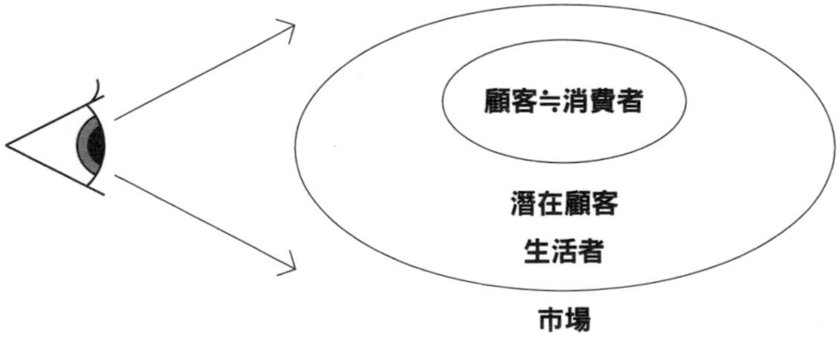

# 03

# 市場行銷的「三個視點」

前面說明了買方的稱呼會因狀況有所不同，但實際上我們有必要對買方的立場（視點），再加以細分、思考。它大致可分為三個視點：**第一視點是賣方的立場，第二視點是買方的立場，然後第三視點是觀察者的立場。**

以漫畫的內容為例，麻里萌和兩人（伊蒙和羅吉）的討論（35頁），思考要給誰毛巾的麻里萌，是站在販售商品者的立場，亦即第一視點。然後，聽完兩人的說明，嘟噥「這樣啊……」的麻里萌，則是站在伊蒙、羅吉的立場（37頁），亦即第二視點。然後，退一步，一面閱讀漫畫中三人的討論，一面思索自己該怎麼做的各位讀者，則是站在客觀立場思考，亦即第三視點。

各位在思考怎麼販售商品或服務的時候，除了第一視點的賣方、第二視點的買方亦即交易者的立場之外，意識到第三視點的觀察者立場也是非常重要的。在閱讀漫畫的同時，試著觀察販售商品的自己、站在消費者立場時的自身心情，以及用第三者的角度去

## 市場行銷的三個視點

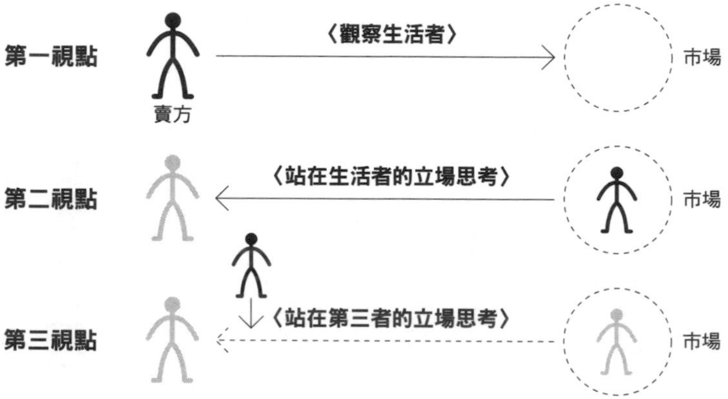
第一視點
〈觀察生活者〉
市場
賣方
第二視點
〈站在生活者的立場思考〉
市場
第三視點
〈站在第三者的立場思考〉
市場

## 有意識的感受三個視點

| 視點 | 思維 | 可得到的東西 |
|---|---|---|
| 第一視點 | 停留在「自己本身」，用自己的耳朵聆聽、用自己的眼睛觀看。 | 對於自己本身的意見及選擇，能夠得到有用的資訊。若僅「同意周遭的意見」，會變成沒有主見的人，沒有能力向他人傳達自身見解。若不能活用此立場，也就無法了解自己本身的欲求，也得不到他人無法獲得的重要資訊。 |
| 第二視點 | 運用想像力深入其他公司的內部，假他人之耳聆聽、假他人之眼觀看。 | 愈來愈能獲得資訊，以了解自身行動對他人會造成什麼樣的影響。另外，也能夠知道對方從何而來。 |
| 第三視點 | 進一步運用想像力抽離自身的主觀，脫離自身和對方的立場，站在中立的位置。 | 對於自己和他人的互動全貌，能夠得到珍貴的資訊。此視點不容易發生齟齬、誤解。能夠觀察與自身相關的人際關係，比站在任何立場的人更為客觀地審視自身行動所帶來的結果。 |

客觀看待兩人的互動，並觀察自己會有什麼感受。

在第一視點，你能夠思考整理自己真正想要生產的商品及提供的服務。然後，在第二視點，你能夠了解客人想要什麼樣的商品及服務。以第二視點來看第一視點得到的結論，往往會出現很大的落差，此時就需要第三視點。藉由第三視點客觀看待事物，審視從第一視點所得到的結論是不是自己一廂情願的點子，進而檢討如何填補兩者的落差，改善銷售的方式。

分別由這三個視點來思考，檢討什麼樣的商品及服務可以博得客人的青睞。謹記這三個視點，予以實踐。雖然一開始需要稍加訓練，但熟悉各視點的轉換之後，肯定能在各種商務活動及商品販賣上如魚得水。

當商品企劃碰到瓶頸的時候，走上街頭觀察路人的行動，聆聽店員和客人之間的對話，很容易就能從中得到提示。另外，假日逛街購物的時候，注意到的地方也會增加。以各種視點來思考非常重要。

## 04

# 什麼是市場行銷？

選擇本書作為第一本市場行銷入門書的讀者中，也許有人還存有疑問：「什麼是市場行銷？」

市場行銷有著諸多解釋，目前沒有世界共通的定義，所以這邊引用廣為人知的美國與日本市場行銷的定義。

另一方面，經商、商務等，對實際活用市場行銷的人投以相同的問題，會出現形形色色的見解，從「人與人的交易」、「物質上的交換」，到「提出商談與交涉」、「雙方互惠的過程」、「經商的要領」、「賺錢的祕訣」等等。市場行銷的定義差異會如此懸殊，是因為市場行銷是一門較新的學問，在資訊科技、網際網路的進展中，行銷手法也不斷改變，市場行銷本身也日益變化。

對我來說，市場行銷是「可用於任何溝通的工具」。除了學校的考試另當別論之外，各位讀者可以透過日常實踐，找出自己的定義。

## 市場行銷的各種定義

### AMA（美國市場行銷協會　2007年版）

Marketing is the activity, set of institutions, and processes for creating, communicating, delivering, and exchanging offerings that have value for customers, clients, partners, and society at large.

〈中文翻譯〉
市場行銷是指，對於顧客、委託人、合作夥伴與整體社會創造、傳達、傳遞、交換有價值的提供物，以及相關的一連串制度與過程。

### JMA（社團法人 日本市場行銷協會　1990年）

「市場行銷是指，企業及相關組織(1)以全球化視野(2)取得與顧客(3)的相互理解，透過公平競爭創造市場價值的綜合性活動(4)。」

注
(1)包含教育、醫療、行政等機關團體。
(2)重視國內外的社會、文化、自然環境。
(3)包含一般消費者、客戶、相關機構與個人，以及當地居民。
(4)針對組織內外統合調整後的調查、產品、價格、促銷、流通以及顧客與環境影響等相關活動。

# 05 行銷概念的演變過程

前面提到，市場行銷是一門較新的學問，這可從行銷概念的變遷看出端倪。隨著時代背景的變化，行銷的概念也有著巨大的改變。

**①生產取向**，是經歷戰爭後的日本國內產品不足，產品多做多賣的時代概念。企業致力於生產，努力擴大流通。

多做多賣的時代結束後，接著是**②產品取向**的時代。因供給增加而產生競爭，企業為了從中勝出，致力於產品開發以及差異化。

等到市場需求近乎飽和，各家產品間逐漸難以產生差異化。此時，企業開始將注意力放在如何推銷製造的商品，開始致力於推銷（sales）**③銷售取向**的時代。

然而，零售業者強人所難的推銷，讓多數消費者對賣方產生反感。於是，業者開始思考如何博得消費者的青睞，發展出**④市場取向**的概念。

然後，業者提倡**⑤社會取向**作為今後的概念。此概念的主旨是，在先進發達的社會中，不單致力於促進消費，也應考量整體社會的調和。除了企業利益、滿足消費者之外，也應考量它們與社會利益之間的平衡。

## 行銷概念的變遷

| | | |
|---|---|---|
| ① | **生產取向** | 在需求遠大於供給的時代，致力於生產的概念。提高生產力的同時，也努力擴大流通。 |
| ② | **產品取向** | 在企業相互競爭下，藉由產品的開發、改良，企求與競爭對手的差異。顧客需求其次，產品開發第一的概念。 |
| ③ | **銷售取向** | 競爭愈加激烈，為了讓消費者購買自家商品，致力於推銷（sales）的概念。此取向也不注重顧客的需求。 |
| ④ | **市場取向** | 為了達成企業目的，抓住目標市場、消費者的需求，藉由販售消費者追求的商品，提升銷售效率，滿足消費者，以市場機制為中心的概念。 |
| ⑤ | **社會取向** | 除了達成企業目的、滿足消費者之外，也應在浪費、環境問題上提出相應的做法，使其能和社會利益取得平衡。 |

# 06

# 市場行銷的範圍

近年來，市場行銷的涵蓋範圍擴大，與經營策略等重疊的部分也不少。因此，想要掌握市場行銷，重點在於我們得先了解經營的大動向以及其所在位置。

一般來說，企業會標榜「社會使命」、「永續經營」、「適當利潤」等艱深用語，作為經營理念或者經營目標。依此遴選目標、檢討對應需求的即為經營策略。企業先行調查市場的動向、自家公司的現狀，再藉由外部環境分析、內部環境分析來擬定策略。接著根據此策略，決定整體策略、個別事業策略、機能別策略。其中，市場行銷為機能別策略之一。

如同上述，在經營的整體構造中，市場行銷位於機能別策略之下，與經營策略有著密切關係，在大部分的事例中，環境分析、策略擬定即為行銷策略擬定。有鑑於此，本書將針對策略的擬定、內部及外部環境分析來進行說明（參照Ｐａｒｔ４）。

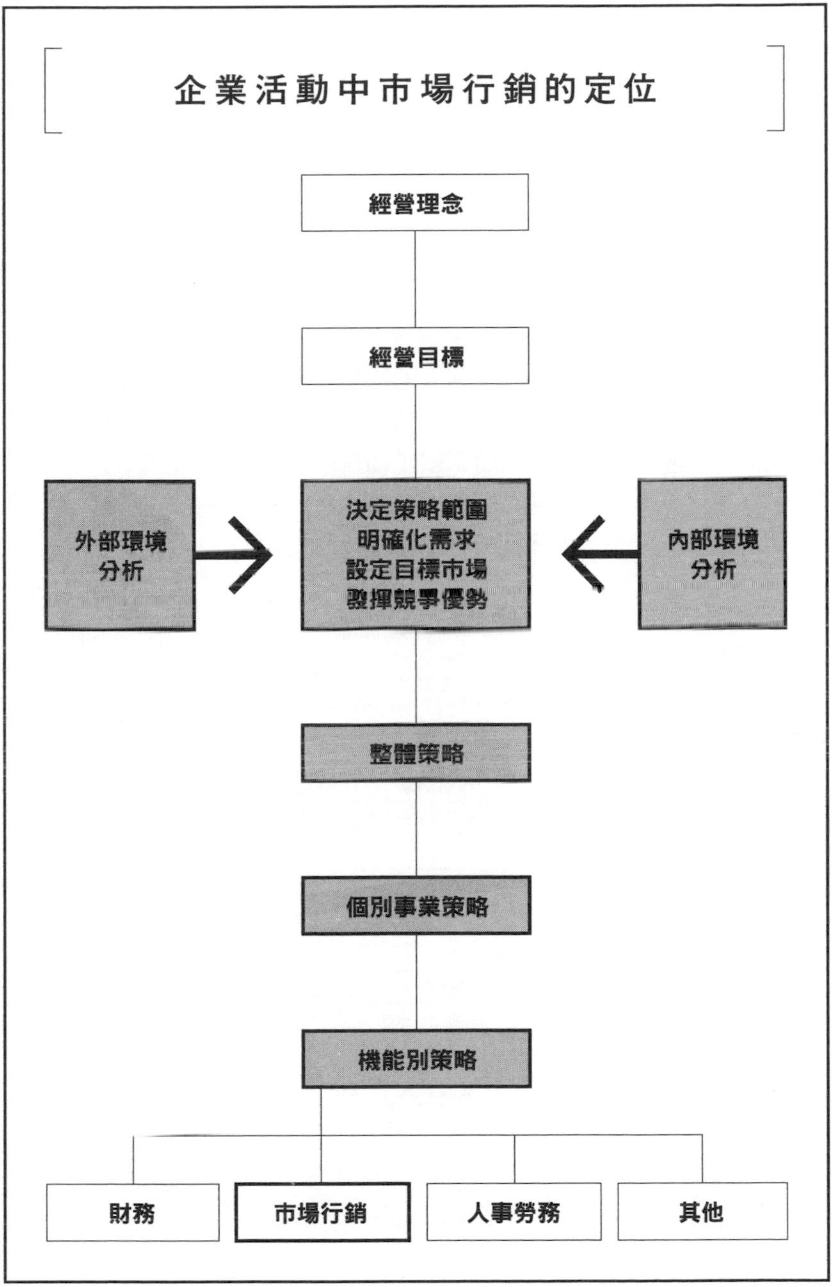
企業活動中市場行銷的定位
經營理念
經營目標
外部環境分析
決定策略範圍
明確化需求
設定目標市場
發揮競爭優勢
內部環境分析
整體策略
個別事業策略
機能別策略
財務
市場行銷
人事勞務
其他

Column 1

# 蒐集市場意見的方法

為了開發、販售商品，企業需要掌握消費者的需求、期望，相關調查手法稱為「市場調查」。

其中，最簡單的是「觀察調查」。在規模較小的公司，開發負責人親自上街，藉由觀察路人的行動，從中得到許多提示。想要正式調查的時候，規模較大的公司多會委託市調機構，請他們協助「問卷調查」或「團體面談（Group interview）」等。

市場調查有許多種方法，各有其特色，所要花費的調查費用也截然不同，必須根據目的選擇使用。

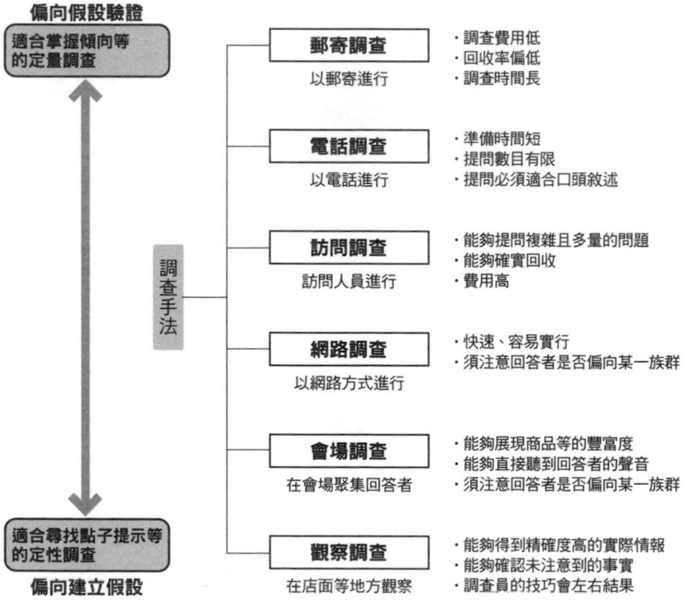

# Part 2

# 速效行銷的利弊

……
靠口碑真的能讓客人增加？
Story 2
為什麼到這種程度都放著不管……
真是抱歉……
我們家現在面臨非常大的危機……總之……只靠我是不夠的。
我才不對，不常打電話回家，沒有注意到店的情況。
但也沒有時間跟金錢去請教專業顧問……

怎麼樣？
需要我們的幫忙了嗎？
向來路不明的人請求幫忙，怎麼想都很奇怪……不過沒有別的辦法了！
我……就聽你們的，現在該怎麼辦？
交給我們！
就對了！

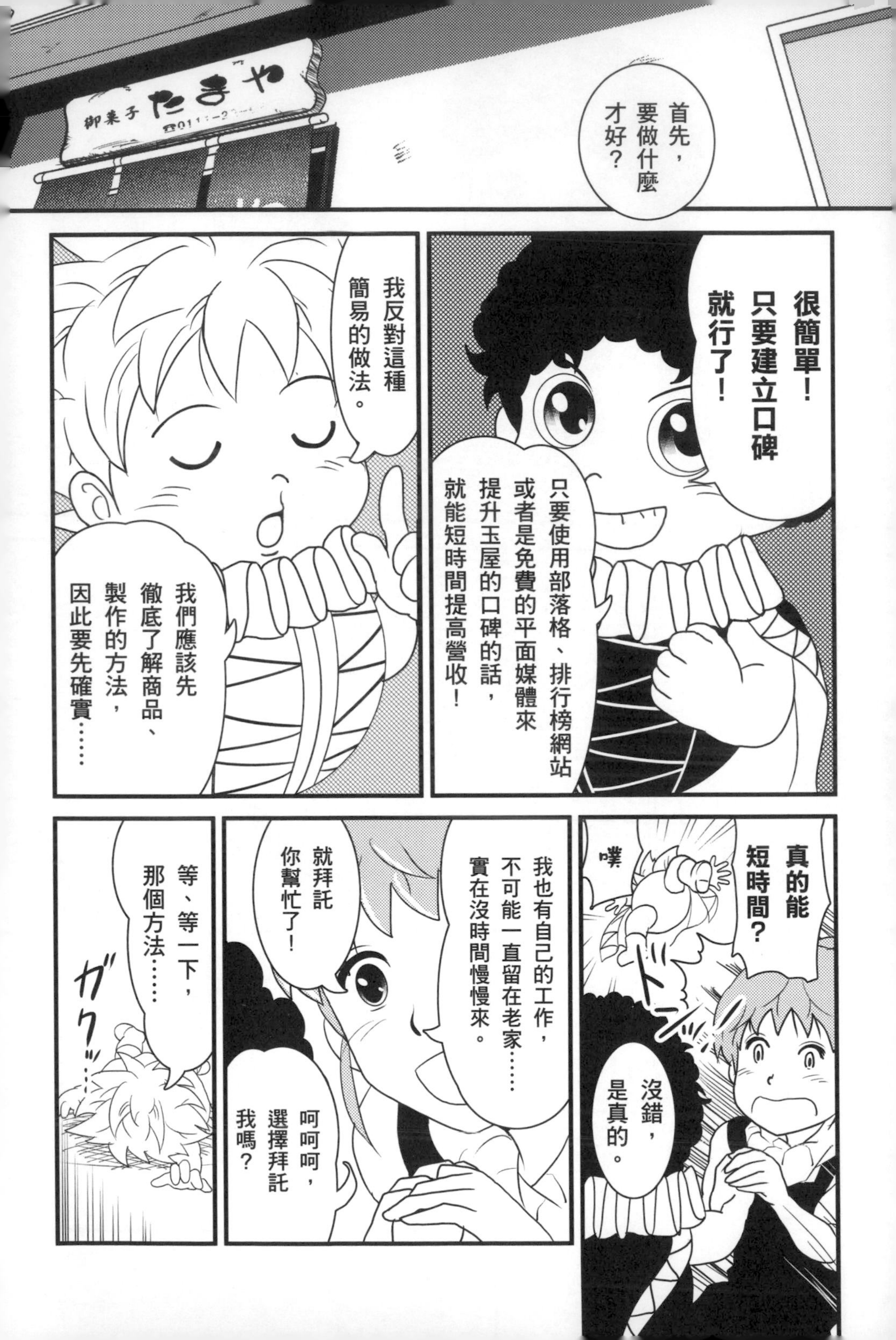
御菓子 たまや
首先，要做什麼才好？
很簡單！只要建立口碑就行了！
只要使用部落格、排行榜網站或者是免費的平面媒體來提升玉屋的口碑的話，就能短時間提高營收！
我反對這種簡易的做法。
我們應該先徹底了解商品、製作的方法，因此要先確實……
真的能短時間？
噗
沒錯，是真的。
我也有自己的工作，不可能一直留在老家……實在沒時間慢慢來。
就拜託你幫忙了！
呵呵呵，選擇拜託我嗎？
等、等一下，那個方法……
ガク

POINT 1
活用網際網路
首先是活用網路！
部落格、社群平台、推特等，有很多管道可以發送情報。
其他還有排行榜網站之類的，總之留下正面評論，提升這間店的評價吧！
的確，我在找店家的時候，會先尋找有口碑的店。這是為什麼呢……
不管是誰一聽到宣傳，都會抱持著警戒，
但如果從認識的人得知消息，就不會有「強行推銷」的感覺吧？
對耶……原來如此。

POINT 2
活用傳播媒體
接著，想要短時間使提升口碑的效果更佳，還可以借助傳播媒體的力量。
雜誌、廣播、地方電視台等，如果能夠借助他們的力量的話……
對了，我有認識的人在當本地免費報紙的編輯。
我拜託她看看！
最近好嗎？
真是拿妳沒轍！沒辦法，朋友遇到危機，只能幫忙囉。
我剛好還在想這個月的專題要報導什麼呢。
美彌！謝謝妳……！
但是只是個很小的專欄喔！
對了，既然要報導，有沒有什麼好的提案？
我有個不錯的想法。

## POINT 3 提升稀有價值

即便是相同的商品，也標上限量販售。
季節限定！
也可以配合時令，標上季節限定。
這樣一來，就會產生「不趕緊購買就會賣完」的氛圍。
這樣的內容還滿容易寫成報導，就用這個吧。
あっ…
ガラッ
我要趕回去寫報導了喔！感謝！
沒錯，稀有的商品很容易就能造成話題。
因為在平常的閒聊中可以向別人炫耀一番，所以除了傳播媒體，也能靠一般顧客的口耳相傳來創造商機。

總之，先進行了緊急處置。
但是……真的沒有問題嗎？
太厲害了……！真是太厲害了！真的有好多的客人上門！
還沒開店嗎－？
這是…騙人的吧…？
哼、哼、哼，看到我的力量了吧！
怎……怎麼會這樣。

怎、怎麼可能，明明就快要倒閉的店竟然大排長龍，為什麼……！
太厲害了！照那孩子説的做是正確的……
歡迎光臨！
這樣一來，店鋪跟逼婚的問題都能解決！
再進一步煽動群眾心理……繼續寫更多的正面評論！
喂！伊蒙，你這樣做的話……
好的～謝謝您的光臨！
他們……
他們是何方神聖……？
喂!!給我調查他們兩個!!
興趣、喜歡的東西什麼都好，全部都列成清單給我！
好了……這樣的話……
嘿、嘿、嘿，走著瞧……

哈——真是可怕，
骨頭都快散了。
辛苦了，今天也來了很多客人。
孩子的爸呢？
老爸！看到了嗎？客人增加了呢！
這就是市場行銷的力量！這樣就沒問題了吧。
……
什麼嘛，那種態度。我明明這麼努力！
……

孩子的爸，這樣太冷淡了吧。稍微誇獎她一下嘛？
……
實際上，客人不是也變多了嗎？
3丁目的日比野婆婆……最近有來嗎？
村川家的爺爺、川島豆腐的婆婆……之前不論怎麼忙碌，每隔一陣子一定會來光顧的老顧客……
……最近都沒有來喔。

## 01

# 口碑傳播的「病毒式行銷」

漫畫中，伊蒙向麻里萌推薦的口碑傳播，屬於病毒式行銷（Viral Marketing），有些做法能夠在短時間提升促銷的效果，相反地，如果使用不當，不但對商品的銷路沒有幫助，甚至還可能毀了商品、公司的信譽。

相較於顧客對商品或服務寫的評論，賣方的評論總顯得刻意、做作。感到不對勁的人，會透過網際網路等管道蒐集資訊。如果感到不對勁的資訊僅是當事人的誤解，事態不久便會平息。然而，如果感到不對勁的人愈來愈多，生意就會僅在短期的熱潮過後告終，甚至還有可能因而產生客訴糾紛或不信任感。

這類容易引發問題的簡易手法，有炒作行銷、祕密行銷（Stealth Marketing）等。這是刻意在部落格等網路平台刊登誇飾的內容，藉由引人注目來炒作商機。這和在傳播媒體中只顧強而有力的直接宣傳商品或服務，卻刻意迴避說明的介紹方式如出一轍。曾有案例為了快速提高營收，露骨地欺瞞資訊接受者，最後，只好捲起鐵門，關門大吉。

應該如何推廣宣傳，會因各企業的思維、道德不同，使得判斷基準有所差異。然而，引發多數人不信任感的商業手段，顯然無法長久。市場行銷本來的目的是，增進相關人士的交流與溝通。**就這個觀點來說，偽造口碑、炒作行銷與祕密行銷，不屬於一般的市場行銷或推廣宣傳，只能說是「不可取的手段」**。

如同伊蒙的說明，若是商品、服務的使用者寫下的口碑，因為不是賣方提供的資訊，而是同為買方立場的資訊，所以具有強大的說服力。努力建立這樣的好口碑，當然不是什麼壞事。若能傳遞話題性、故事性，準備與商品相關的各種知識，成功誘發正面評論的話，那麼，刊載於傳播媒體的評論儼然成為一種口碑。這樣就能夠讓更多人知道這項商品、服務的價值，進而提升營收。

## 02

# 口碑產生的輔助機制

口碑，分為肯定商品、服務的正面評論，和指出缺點、不滿的負面評論。許多人在上餐廳用餐時，對於「我不會再去那間店了」、「那裡非常差」、「我勸你別選那間店比較好」等負面評論，會忍不住想跟周圍的人說吧。另一方面，「那裡不錯喔」、「那間店非常棒」等正面評論，因為可能給人強行推銷店家、商品的印象，所以我們不太好說出口，通常只會跟親近的人說。

由經驗法則可知，好口碑是一傳五、壞口碑則是一傳十。這是網際網路、行動電話普及前的調查結果。現在的話，家電、化妝品的網路口碑具有非常大的影響力，在販售書籍等各類商品的電子商務網站上，順手寫下評論是稀鬆平常的事情。再來，個人性質的部落格、網路日誌、推特等貼文分享，也具有很大的影響力。現在是一般個人的發言，也能在網路上造勢的時代。

如同上述，想要活用擁有強大影響力的口碑，需要安排產生口碑的誘因，像是創造想與人分享的話題，或者製作並發放可用於分享的物件。

例如，公關公司等也和商品、服務的開發有所關聯，扮演尋找口碑材料，再將此透露給傳播媒體的角色。另外，公司也可以廣尋會創造強大口碑的意見領袖，並分發廠商的試用品，提供優惠。若是良好的商品，也確實傳達了該商品的相關資訊，就很有可能建立起口碑。

### 口碑的傳播方式

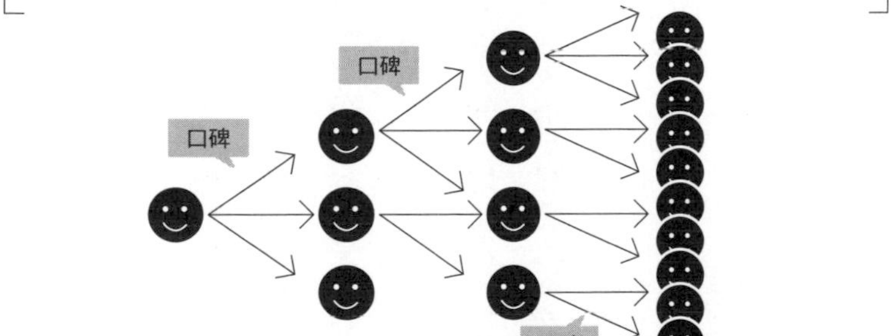
口碑
口碑
口碑
•誘發口碑的機制
•支撐口碑的架構

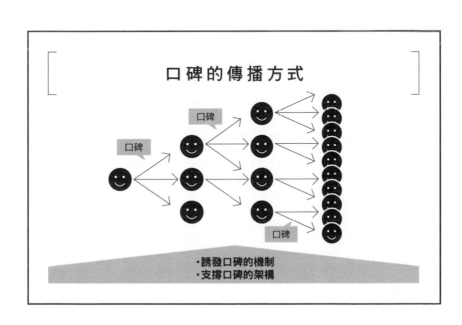

# 03 口碑效果高的商品及服務

隨著網際網路、行動電話普及，任誰都能輕鬆發布資訊，使得口碑的重要性日益提高，而影響最大的包括服務、高科技產品、風險商品、時尚流行商品及新商品。

極少利用旅館、餐廳的人，因為不清楚品質、服務的等級，容易受到經驗者的意見影響。再來，家電等高科技產品，新推出的機能真的有用嗎？好不好用呢？會不會哪裡有問題？由於內心容易產生這些疑問，我們會先打聽其他人的使用心得。然後，為了迴避化妝品、金融商品帶來的負面風險，以及為了迴避被他人指點穿著的不安，我們會想要聽取他人的意見。

若是家喻戶曉的老牌商品，使用者可自行判斷，所以口碑的效果低落。然而，若像是玉屋的鞠檬饅頭，即便是招牌商品，如果不是那麼多人曉得的話，正面口碑還是可以發揮強大的效果。

## 口碑效果高的商品及服務

| 種類 | 理由 | 例子 |
| --- | --- | --- |
| 服務 | 基本上不提供免費體驗，事前不曉得品質如何，必須實際使用才能得知。 | 飯店、餐廳 |
| 高科技產品 | 除了科技迷以外，大部分的人不太會使用，不曉得機能的差異。 | 家電 |
| 風險商品 | 化妝品可能產生皮膚問題、金融商品有著投資賠本等問題，選擇錯誤可能帶來高風險。 | 化妝品、金融商品 |
| 時尚流行 | 人各有所好，容易對流行的變化感到不安。 | 服飾 |
| 新商品 | 首次購買的商品，對該商品不了解。 | 非改良的新型商品 |

雖然我們要努力建立好口碑，但需要注意壞口碑更容易迅速傳播！

# 04 加速口碑形成的關鍵

聽到「100萬圓的掃帚」，你不會想一瞧究竟嗎？

據說岩手縣九戶村的超高級掃帚，是最高級的壓縮箒蜀黍，平均每3公頃的田地才能採集到2～3束，歷經多年才能集成一把。因為具有話題性，眾多電視媒體爭相採訪，結果提升了掃帚整體的營收。

如同上述，具有話題性、趣味性、新穎性的資訊，容易受到報章媒體報導。即便沒有花錢投放廣告，報章媒體也會爭相採訪自家的商品、服務。報導出來後，給予視聽者的信賴度、關注度以及深刻印象，遠超過廣告投放的效果。

相似的做法還有例年發送的1億圓紅包福袋、超過20萬圓的年菜料理、以美腿聞名的女演員幫腳投保了1億圓等等，我們經常能在電視、報紙上看到千奇百怪的做法。

有鑑於此，下頁表格整理了建立口碑的切入點，以及伊蒙所說的加速稀有價值的口碑，使其帶來附加價值的表格。

## 建立口碑的切入點

| 切入點 | 例子 |
|---|---|
| who（何人） | **知名人士的行動具有新聞性**<br>・演藝人員、社交名人等<br>・過去名人的行動、話語 |
| when（何時） | **尋找具有即時性的新聞、與時令有關的資訊**<br>・櫻花、繡球花等，令人聯想到季節的事物<br>・時隔多年的事物<br>・初鰹、初雪等，今年首次登場的事物 |
| where（何地） | **建立與地方相關的新聞**<br>・地方本身具有價值<br>・某地區第一家〇〇的店<br>・引發好奇的場所 |
| why（為何） | **揭示理由與根據以增加物品的信賴度**<br>・數值、數據等<br>・播放實際的影像 |
| what（何物） | **建立商品相關的話題**<br>・商品本身<br>・研究素材的特性（效果） |
| How（如何） | **找出做法的特色作為資訊宣傳**<br>・創新的做法（製造方法）<br>・全新的銷售方式 |
| How much（多少錢） | **讓人感到意外的價錢容易形成話題**<br>・突破10萬冊等，取一個完整的數字<br>・以美腿聞名的演藝人員，幫自己的腳投保數億圓<br>・販售100萬圓掃帚的掃帚店<br>・一碗3萬圓的高檔拉麵<br>・一包價值1億圓的紅包福袋 |

## 加速口碑所形成的附加價值

| 令人感到有附加價值的事物 | 例子 |
|---|---|
| **贈品的附加價值** | ·贈品<br>·抽籤 |
| **資訊內容的附加價值** | ·風水<br>·色調搭配<br>·占卜<br>·專業知識 |
| **獨門原創的附加價值** | ·多元選擇<br>·分門別類<br>·時代限定<br>·生活風格 |
| **帶來期待的附加價值** | ·準備令人感到期待的事物<br>·激發期待<br>·超乎想像<br>·給予驚喜（Surprise） |
| **帶來趣味的附加價值** | ·表演<br>·實演販售 |
| **覺得划算的附加價值** | ·小贈品的大效果<br>·價格決定價值<br>·場所決定價值<br>·加購折扣<br>·標榜大幅降價的促銷活動<br>·整數價格讓人覺得賺到了<br>·透過改變心理錢包，增進購買意願<br>·區分標示特價（知名品牌標示特價） |
| **稀有性的附加價值** | ·使用數量限定的力量<br>·使用期間限定的力量<br>·透露祕密的資訊<br>·傳達不斷提高的稀有性<br>·以稀有性增加魅力 |

（引自）《用心理市場行銷提升「附加價值」的技術（暫譯）》山下貴史　ぜんにち出版

## Part 3

# 了解購買商品的客人

請給我
這個。
然後，知道有饅頭之後，
他們會選擇饅頭。
這就是「需要」。
也就是從不知道的
想要狀態轉變成
需要狀態。
妳現在必須做的事情
不是一股腦地
賣出更多饅頭，

客人
真正的
需要是？
Story 3
多了好多沒有規矩的客人……
玉屋感覺也已經變了……
這樣就不能像以前一樣進去買了。
好的。感謝您的購買！啊，歡迎光臨！
喂……老媽!!妳發什麼呆？快來幫我啊!!
來、來了……
最近……老顧客都沒有來喔。

這就是大家最近都在討論的饅頭。
待會也讓我吃吃看！
怎麼樣？
好吃是好吃……但就是到處都吃得到的味道？
嚐鮮一次就夠了吧？
啊哈哈……真的！
呼……總算過了尖峰時段了。
稍微休息一下吧？
今天也來了很多客人，但……
是我的錯覺嗎……？
感覺……客人稍微減少了？
御菓子 たまや
不好意思！

不好意思，這饅頭雖然是剛剛才買的，
但不小心掉到地上了，能夠換新的給我嗎？
哎……那個，自己掉到地上的東西不太能……
唉——怎麼這樣！這間店真小氣！
那邊，好像在起爭執耶。
雖然不太清楚，不過好像在吵能不能退貨。
什麼嘛。
他們不是以誠實為賣點嗎？
結果，我不好的預感發生了……
前幾天的門庭若市像是騙人的一樣，客人短時間內急劇減少……
たまや
たまや

伊蒙！我都照你說的做了。
但結果客人都只來光臨一次而已！
就、就算妳這麼說……
的確，最近客人有些減少……
雖然客人的確暫時增加了，
但老顧客都沒有來不是嗎？
如果這就是市場行銷，還真是令我失望啊。
……
啊，有耶、有耶。
就是這個！

請給我
這個。
哎呀？你們是從哪裡來的啊？
麻里萌，
從綠町來的。之前在電視上看到這個饅頭。
等下要去奶奶家玩，想說買一些過去。
妳知道這兩位可愛的客人是怎麼來的嗎？

了解他們的行動，就是怎麼聚集其他客人的提示喔。
這是市場行銷的基本概念之一，AIDMA法則。

■AIDMA

Attention：引起注意：透過地方電視節目、免費報紙等得知
Interest：產生興趣：想說奶奶會喜歡
Desire：激發欲求：之後也想要讓奶奶吃吃看
Memory：強化記憶：在距離家有點遠的商店街裡的玉屋有在賣
Action：促使行動：去奶奶家玩的路上，順便買一些過去

原來如此，是這樣思考的啊。

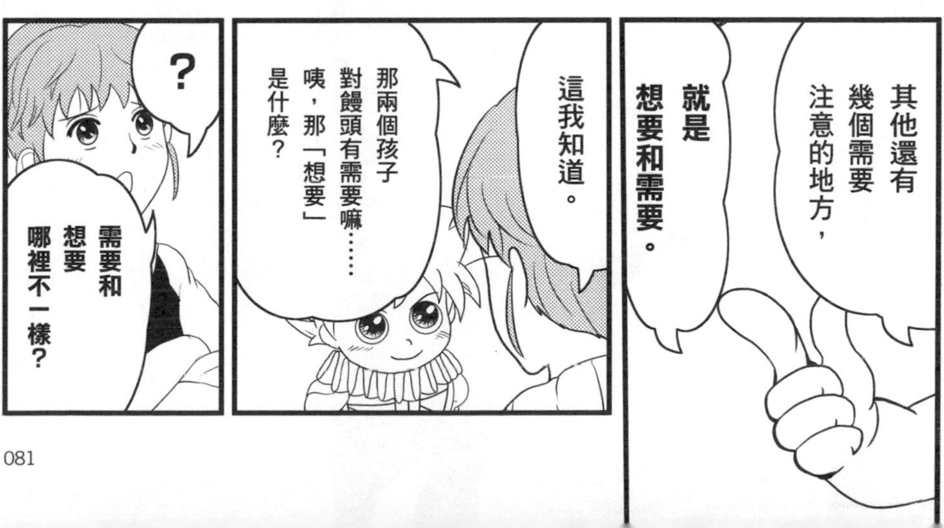
其他還有幾個需要注意的地方，
就是想要和需要。
這我知道。
那兩個孩子對饅頭有需要嘛……咦，那「想要」是什麼？
？
需要和想要哪裡不一樣？

## ■需要與想要

需要：必要的事物

想要：未注意到的潛在欲求

那兩個孩子一開始並不知道這裡的饅頭。這樣他們會想要饅頭嗎？
不會。因為不知道，應該不會想要才對。
如果那兩個孩子不知道有鞠檬饅頭的時候，
他們會選擇帶其他點心去奶奶家吧。此時的狀態是「想要」。
然後，知道有饅頭之後，他們會選擇饅頭。這就是「需要」。
也就是從不知道的想要狀態轉變成需要狀態。
妳現在必須做的事情不是一股腦地賣出更多饅頭，

而是
要賣給希望購買饅頭的人，也就是賣給有需要的人。
然後，另一件事是針對原本不知道這個饅頭但知道後會希望購買的人，讓他們知道饅頭的存在，
引導他們上門購買。這才是市場行銷的基本概念。
原來……我至今都沒有考慮到這麼基本的事情，一心只想要操作客人……
什麼嘛，大家……

難道說我的做法錯了嗎？
ジャ…
前一陣子，大家不是還很高興地聽我說嗎！
不，你的做法並沒有問題。

到我這裡來，
讓我們一起擊垮那家饅頭店吧。

# 01 說明購買行為的「AIDMA法則」

在80頁，羅吉以小兄妹前來購買商品的行為，解說人們購物的心理變化模型，亦即**AIDMA法則**。這是**將生活者在知道商品、服務的存在之後，再進到實際購買的一連串過程，分成五個過程加以說明。**

以下敘述就是生活者的思考及其行動變化：首先①透過廣告或宣傳引起注意（Attention），接著②對商品產生興趣（Interest），進而③激發得到該商品的欲求（Desire），經由④對該商品產生的記憶（Memory），最後⑤尋找並購買該商品（Action）。取這一連串過程的單字開頭，稱之為AIDMA法則。

當然，並不是所有購買行為都如同這樣的流程，但這套法則有助於我們思考各階段的販賣促銷手法。

例如，前面漫畫的玉屋，一開始為了吸引客人關注，伊蒙建議透過社群平台等建立口碑，或是利用地方媒體宣傳。如此一來，不但能向在地居民傳達商品的存在，藉由搭配特長、魅力的宣傳，也可以激起人家的興趣與欲望。透過電視等瞬間媒體，不斷曝光商品，以留下記憶。這都會牽動大家的行為。

判斷客人在ＡＩＤＭＡ的哪個階段，思索該如何讓客人進入下一個階段，只要意識這件事，針對各階段祭出對策，客人也就願意購買商品，提升店鋪營收。

### AIDMA法則　消費者的購買心理

| 〈態度〉 | 〈態度〉 | 〈心理狀態〉 |
|---|---|---|
| Action | 行動 | 促使行動 |
| Memory | 記憶 | 強化記憶 |
| Desire | 欲求 | 激發欲求 |
| Interest | 興趣 | 產生興趣 |
| Attention | 注意 | 引起注意 |

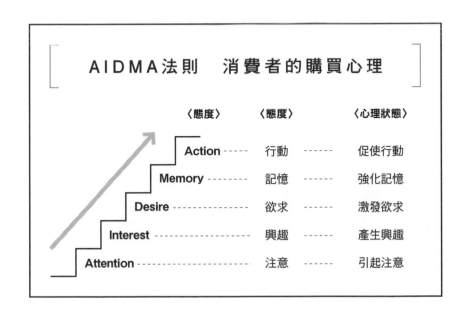

## AIDMA法則與智慧型手機的購買案例

| | | | 心理狀態 | 例子（智慧型手機） |
|---|---|---|---|---|
| STEP 1 | Attention | 注意 | 引起注意 | 在網路新聞，讀到新發售智慧型手機的報導。 |
| STEP 2 | Interest | 興趣 | 產生興趣 | 新手機有著自身機型沒有的功能，因「感覺不錯用耶」產生興趣。 |
| STEP 3 | Desire | 欲求 | 激發欲求 | 進一步在網路上搜尋該機種的評價，變得想要購買。 |
| STEP 4 | Memory | 記憶 | 強化記憶 | 記下「下個週末，前往家電量販店實際操作看看」。 |
| STEP 5 | Action | 行動 | 促使行動 | 週末前往家電量販店，試用展示機後覺得相當喜歡，開始交涉價格。 |

對於可能的顧客，試圖使他們的思考或感情一步步地推至下個階段。

## 說明購買行為的法則

除了AIDMA法則之外，還有其他用來說明購買行為的法則。重複性商品適用AMTUL、網購適用AIDAS等等，不妨區分使用。

| | 主要對象範圍 | 備註 |
|---|---|---|
| **AIDA法則** | 從廣告宣傳到店鋪流通，傳統性質的購買行為 | 這是以AIDMA為基礎的法則。在日本不太使用。 |
| **AIDMA法則** | 從廣告宣傳到店鋪流通，傳統性質的購買行為 | 傳統、基本的模型。 |
| **AMTUL法則** | 高重複性商品的購買行為 | 針對各階段客人的態度，設置評價指標。 |
| **AIDAS法則** | 網路購物、目錄郵購等直接行銷的購買行為 | 說明傳統郵購購買行為的模型。 |
| **AISAS法則** | 透過網路蒐集並共有資訊的所有購買行為 | 注重透過口碑傳播商品資訊的模型。 |
| **AIDEES法則** | 透過網路蒐集資訊、建立品牌的所有購買行為 | 注重透過口碑建立品牌的模型。 |
| **購買決定過程** | 典型資訊處理的購買行為 | 包含購後評價的模型。 |

# 02

# 「科特勒的購買決定過程」

用有別於ＡＩＤＭＡ法則的角度切入購買行為的，還有「科特勒（Kotler）的購買決定過程」。它是將人們想要某樣東西、實際購入商品到給予評價，分成五個過程。從①意識問題開始，注意到可以滿足自身欲求的事物，接著是②搜索資訊，尋找滿足欲求的服務，進而針對商品及服務進行③資訊評價。

在③資訊評價的階段，若認為「其他的商品比較好」、「不急著現在買」的話，則行為停留在此階段，但若覺得沒什麼問題，接著就會④決定購買，最後進入⑤購後評價。如果對商品感到滿意，就會願意再次購買，並形成好口碑；如果對商品不甚滿意，則不僅不會再次購買，還有可能形成壞口碑。其特徵就是不購買、不滿意而出現不回購的負面反應。

如同ＡＩＤＭＡ法則，這套模型可以幫助我們在銷售的各階段，找出促銷必須要努力的方向。

## 科特勒的購買決定過程

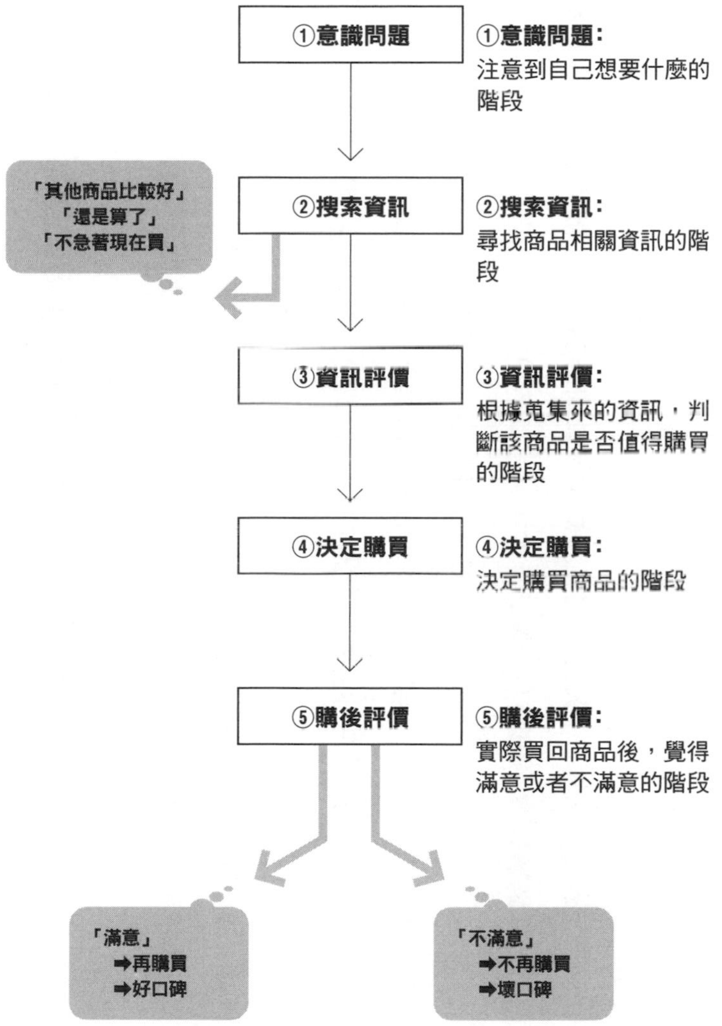
①意識問題
①意識問題：
注意到自己想要什麼的階段
「其他商品比較好」
「還是算了」
「不急著現在買」
②搜索資訊
②搜索資訊：
尋找商品相關資訊的階段
③資訊評價
③資訊評價：
根據蒐集來的資訊，判斷該商品是否值得購買的階段
④決定購買
④決定購買：
決定購買商品的階段
⑤購後評價
⑤購後評價：
實際買回商品後，覺得滿意或者不滿意的階段
「滿意」
➡再購買
➡好口碑
「不滿意」
➡不再購買
➡壞口碑

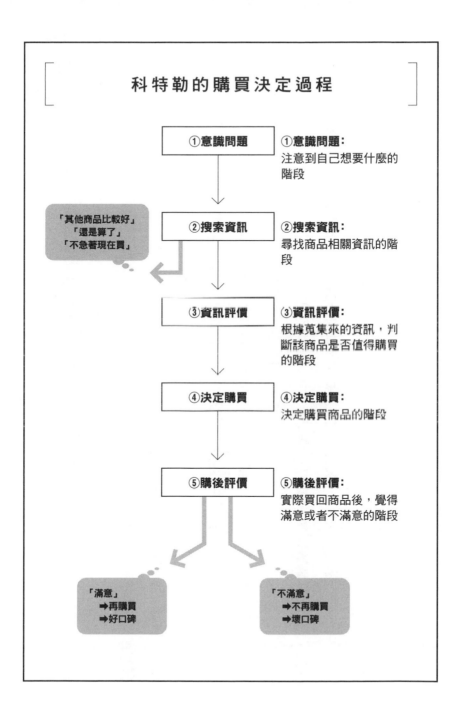

## 03

# 人的兩大欲求「需要」與「想要」

羅吉在82頁說明的「需要」與「想要」，是理解消費者的最基本、不可不知的關鍵。然而，這個「需要」與「想要」的解釋眾說紛紜，在學者和實務者間的看法也有出入。

最簡單的解釋方式是：「需要，是一種必要；想要，是一種欲望」。

另一方面，行銷學之父的科特勒認為：「人會有需要，是人處在不足的狀態」。「想要」則為：「欲求，可用滿足需要之物的名稱表示」。

至於在日本從事市場行銷的實務者多如此解釋：**「需要，是消費者感到必要、渴求的事物」**；**「想要，是消費者自身未注意到的潛在欲求」**。為了方便讀者理解，本書採用此解釋方式來說明。

## 「需要」與「想要」的各種解釋

| | 心理狀態 | 需要 | 想要 | 例子 |
|---|---|---|---|---|
| 解釋 1 | 需要，是一種必要；想要，是一種欲望 | 「……是必要的」、「必須做……」，有其必要性 | 「想要……」、「想做……」，屬心理上的欲求 | 持有汽車的人必須定期接受車檢，所以車輛定檢為高需要商品。另一方面，對保時捷感到憧憬的人，自用車沒有必要是保時捷，可選用其他車種替代，所以保時捷是屬於高想要、低需要的商品。 |
| 解釋 2 | 需要，是真正渴求的事物；想要，是實現的手段 | 感到必要性，必須追求的事物 | 用以滿足特定需要的具體欲求 | 販售者經常混淆欲求與需要。鑽頭的廠商可能認為顧客在意鑽刃鋒利，但顧客真正在意的是孔徑大小。 |
| 解釋 3 | 需要，是表面的欲求；想要，是潛在的需求 | 表面的欲求 | 自身未注意到的潛在需求 | 在網際網路出現之前，幾乎沒有人想過要網路提供服務。是屬於想要的狀態。網路問世、體驗其方便性之後，理解此服務的必要性，產生不論在家或是在外頭都有想用的需要。 |

## 04

# 結合「需要」與「想要」來思考

結合表面欲求的需要與潛在需求的想要，這樣的表現概念有「需要與想要的矩陣」。知道商品的存在，進而希望獲得，這是「需要」的狀態。「想用那個饅頭當作伴手禮」、「想吃那饅頭」等，在此狀態下，客人腦中會浮現具體的內容。另一方面，也會有儘管知道商品的存在，卻不想獲得的時候。這是「不需要」的狀態。「希望有讓對方高興的伴手禮」、「想吃好吃的東西」等，雖然有潛在的欲求，卻不知道有實現該欲求的商品，這是「想要」的狀態。而沒有感到想要、也沒有人提供商品的狀態，則是「不想要」的狀態。

如同羅吉對麻里萌的說明，努力讓矩陣中有需求的人購買商品固然重要，但如果能進一步**讓想要狀態的人得知商品的存在，激發他們想要商品的欲求，則會有更多人願意掏錢購買**。

## 需要與想要的矩陣

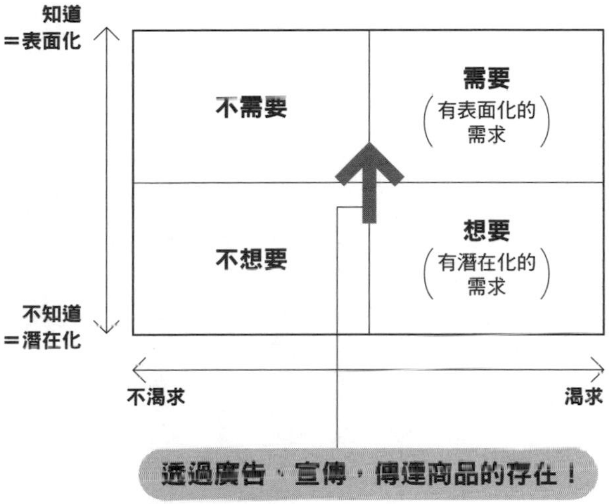
知道
=表面化
不知道
=潛在化
不需要
需要
（有表面化的需求）
不想要
想要
（有潛在化的需求）
不渴求
渴求
透過廣告、宣傳，傳達商品的存在！

### ●以80頁兩兄妹的來店為例

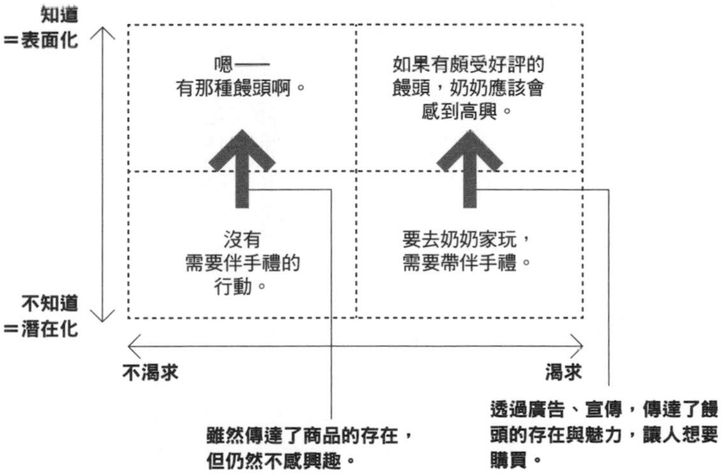
知道
=表面化
不知道
=潛在化
嗯——
有那種饅頭啊。
如果有頗受好評的饅頭，奶奶應該會感到高興。
沒有需要伴手禮的行動。
要去奶奶家玩，需要帶伴手禮。
不渴求
渴求
雖然傳達了商品的存在，但仍然不感興趣。
透過廣告、宣傳，傳達了饅頭的存在與魅力，讓人想要購買。

## 05

# 理解人類的欲求

結合需要、想要的概念來說明人類的欲求，這邊想要介紹**「馬斯洛的需求層次理論（Maslow's Hierarchy of Needs）」**。這是將人類的欲望比喻成金字塔圖像，分成五個層級來說明的模型。當低層次的需求滿足之後，就會進而追求高層次的需求。例如，當①生理需求滿足之後，會產生②安全需求；當②安全需求滿足之後，會產生③社交需求。另外，從①生理需求到④尊重需求，稱為「匱乏需求（Deficiency Need）」，是要滿足基本的欲求所產生的。另一方面，⑤自我實現需求為「成長需求（Growth Need）」，不是用以滿足匱乏的基本欲求，而是了解新事物、自己不曉得的事物，體驗未曾經歷之事的需求。

**如果知道對方在這需求層次中的位置，便能知道應該提供什麼樣的商品。**例如，面對日常生活不安定、缺乏安全感的客人，可以提供解決該狀況的商品；面對位於自我實現需求的客人，推出與提升自我文化素養相關的商品，就能引起對方的興趣。

## 馬斯洛的需求層次理論

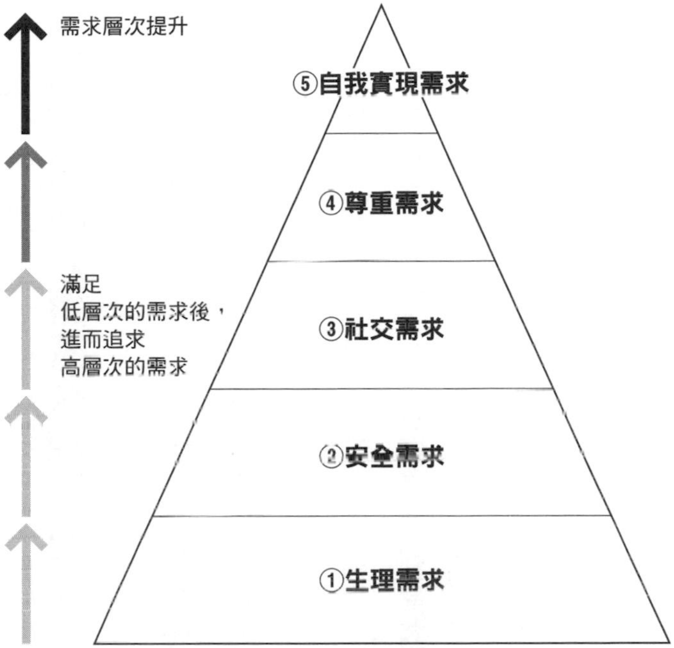
需求層次提升
滿足
低層次的需求後，
進而追求
高層次的需求
⑤自我實現需求
④尊重需求
③社交需求
②安全需求
①生理需求

**⑤基於自身人生觀，追求更高境界的欲求**
例如：增進自我成長的商品、引導自我啟發的商品

**④希望受到他人尊重、吸引他人目光的欲求**
例如：能夠彰顯名聲或地位的商品、引人注目的商品

**③對集團的歸屬及追求愛情的欲求**
例如：增進人際關係的服務、產生歸屬感的服務

**②想要迴避危險或不安的欲求**
例如：保障未來的服務、迴避風險的商品

**①食欲或睡眠等與生存直接相關的欲求**
例如：提供基本的衣食住

06

# 領先潮流的人與落後潮流的人

思考客人會在哪個階段購買商品？這也是理解買方的重要觀點。例如，對流行相當敏感、一有熱門商品就會勇於嘗試的人、聽到他人評價不錯才購買的人等等，各位的周遭也有各式各樣的人吧？

以漫畫中的饅頭店為例，雖然有些部分不太符合，**但可以用創新擴散理論（Innovation Diffusion Theory）來解釋商品在群眾間如何擴散**。

流行始於「創新者」的革新層級。此層級的群眾是狂熱分子，不僅非常關注商品，也注重親身體驗商品的好壞。接著展開行動的層級稱為「早期採行者」，看到創新者使用後的心得，若感覺商品不錯，便會積極購入該項商品。此層級的人也稱為「意見領袖」，其特徵是會向周遭的人們介紹該項新商品，想要立於潮流的最前線。這個層級的族群若是積極行動的話，就有可能帶動商品的熱銷。

接著是，先確認早期採行者反應後，才會採取行動的「早期參與者」，以及觀察周

## 創新擴散理論

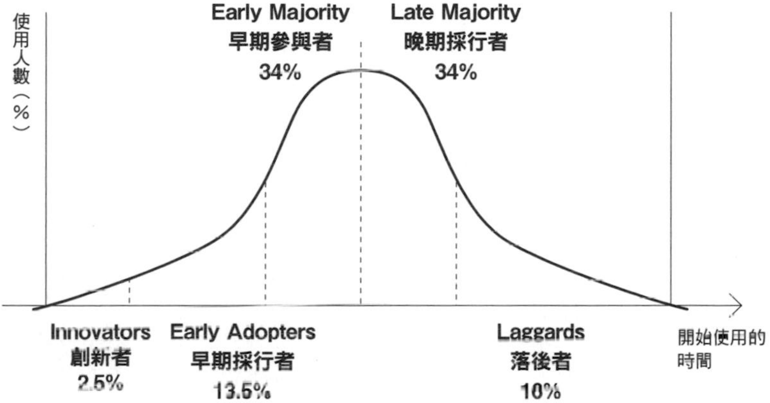

使用人數（%）
Early Majority
早期參與者
34%
Late Majority
晚期採行者
34%
Innovators
創新者
2.5%
Early Adopters
早期採行者
13.5%
Laggards
落後者
16%
開始使用的時間


| 稱呼 | 創新者 Innovators | 早期採行者 Early Adopters | 早期參與者 Early Majority | 晚期採行者 Late Majority | 落後者 Laggards |
|---|---|---|---|---|---|
| 類型 | 最早展開行動的層級。 | 對流行相當敏感，自行蒐集情報並進行判斷的層級。 | 相對慎重的層級。花費時間慎重選擇，但稍早於一般人使用。 | 相對懷疑的層級。周遭多數人使用後，待社會評價確立之後才跟進。 | 最為保守的層級。不喜變化、對新商品不甚關心，待創新商品成為傳統才使用。 |
| 別名 | 革新者 | 意見領袖<br>早期採用者 | 跟進者<br>早期採用大眾 | 追隨者<br>晚期採用大眾 | 傳統主義者<br>遲緩者 |
| 構成比 | 2.5% | 13.5% | 34% | 34% | 16% |

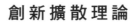

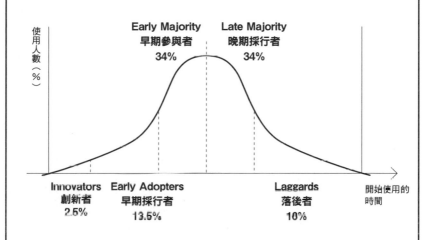

遭群眾的反應再採取行動的「晚期採行者」。

最後行動的層級稱為「落後者」，該層級對商品不甚關心，態度也相對保守。他們是因為周遭多數人皆已擁有商品，才察覺其必要性，並且採取行動。

這理論多適用於大部分的新式電子商品或者是新型態的服務。

# Part 4

# 整理自家公司與競爭對手的關係

出現
盜版的
鞠檬饅頭!!
Story 4
最近，妳們家是不是也把商品批發到超市跟便利商店啊？
咦……？
沒有嗎……但我前陣子有看到耶？長得一樣啊……
事情真的來得非常突然。
該不會……！
……！
這、這是什麼……！
銘菓 マリモ饅頭
銘菓 マリモ饅頭
銘菓 マリモ饅頭
銘菓 マリモ饅頭

供應商居然是
那個做作少爺的
木座點心廠。
銘菓
マリモ饅頭
以北海道市占率
第一為傲的大廠，
開始販售
和我們家
很像的商品。
沒想到……那傢伙
竟然會使出
這一招……！
這不就是最近超夯的
老字號玉屋的
饅頭嗎？
但是，總覺得
味道沒什麼特別的，
很普通啊。
糟了！糟了！
大事不好了!!

麻里萌，先冷靜下來。
這叫人怎麼冷靜啊!?
不但出現同樣的商品，價格還更便宜……!
這樣，我們家的商品不就賣不出去了。
而且，最讓我生氣的是聽到客人說饅頭不好吃。
雖然包裝上沒有放我們家的店名，商品名稱也有點不同，
但還是會讓我們家的商品評價也跟著下降。
對方是大廠……就算提起訴訟，在判決出來前，我們家肯定會先倒閉的……
等、等一下!!
妳現在先試著將剛才說的事情，用市場行銷的觀點整理吧!

妳到目前為止都只考慮到自家店鋪的事情吧。還有其他一定得考慮的要素呢？
……你說的是客人吧。
這我知道。
還有呢？
!
……這次出現的競爭對手企業！
沒錯，顧客分析（Consumer）、競爭對手分析（Competitor）及公司內部分析（Company）。
這三項合稱為3C分析。
但是，以現階段來說，玉屋的規模遠遠不及競爭對手的木座點心廠。
因此比起關注競爭對手，妳應該先檢討自家店鋪與客人的事情。
御菓子 たまや
可是，木座點心廠的做法太卑鄙了。居然模仿別人的商品。

那是
強者的模仿策略
（同質化策略），
是規模較大的企業
針對競爭的公司
所進行的
一種戰略手段。
嗯……？說到
喜歡這種
惹人厭策略的
傢伙……
應該不會吧。
我們就先思考
自家店鋪的
事情吧。
不過，對方還
真是卑鄙。
真想看看
提案人
的嘴臉。
木座製菓 株式会社
哈、啾！
グズ…

■SWOT分析

| | 「正面」條件 | 「負面」條件 |
|---|---|---|
| 因「內部環境」所造成的 | 優勢（Strength） | 劣勢（Weakness） |
| 因「外部環境變化」所造成的 | 機會（Opportunity） | 威脅（Threat） |

整理自家公司內外部情況的方法之一，就是SWOT分析。
想要實行這種分析，需要先了解這間店的優勢、劣勢、機會及威脅。

| | |
|---|---|
| Strength（自家優勢） | 老字號招牌、對食材的堅持、出自職人之手 |
| Weakness（自家劣勢） | 規模小、生產量有限 |
| Opportunity（機會） | 對於安心安全食物的需求、講究貨真價實 |
| Threat（威脅） | 原物料高漲、主要顧客流失 |

我們家的現狀大致是這樣……
將這些填入SWOT表格中。

交叉比對之後，妳應該就能了解要採取什麼樣的策略。

比方說對食材的堅持，
我們家使用嚴選的北海道在地食材，經由職人之手製作，可以吃得安心。而且與新興的競爭對手不同，是從明治時期傳承下來的正統老店。
這樣的話，為什麼從店前面經過的客人不進來呢？
因為大多數的人不知道我們對素材的堅持也不知道我們是百年老店吧？
這又是為什麼呢？
對喔……雖然我們家對製作方面很講究，
但在銷售方面所表現出來的卻一點都不講究。

沒錯!!市場行銷做得不夠!!
不對!!應該說完全沒有進行行銷才對!!
這樣的話，我應該要先確實學習市場行銷，而且在銷售方面好好下工夫。
好!
沒錯。由剛才的SWOT交叉分析，妳就能看出接下來應該採取的策略。
既然如此。就來整理接下來要採取的策略吧。
我知道了!
木座製菓　株式会社
伊蒙!!你幹得太棒了!!

強者的模仿策略效果真是驚人。
一切就像我所說的吧。我果然沒有做錯。
哈、哈、哈，今後也請你把力量借給我們公司喔。
呀——！小伊蒙☆
好可愛！看我這邊！

當然，只要本大爺出馬，那樣弱小的饅頭店馬上就能擊垮給你看。
爸爸，帶他過來的是我喔。
不要忘記了。
嗯……我總算找到我們家必須要往哪個方向來努力了。
……
但前面有這麼多的阻礙，真的沒問題嗎？
菓子 たまや

# 01

# 分析顧客、競爭對手與自家公司

如同105頁羅吉向麻里萌的說明，市場行銷的分析視角有顧客分析（Customer）、競爭對手分析（Competitor）、公司內部分析（Company），並取三個英文單字的字首稱為3C分析。在整理自家公司內外部的環境、擬定新的策略、重新審視計畫等方面，是廣為人知的分析手法。

**顧客分析（Customer）是指分析自家公司的顧客。**從年齡、性別、職業、所得、學歷等統計數據，蒐集及整理生活風格、居住地、購買頻率、購買理由等各種資訊。

**競爭對手分析（Competitor）是指分析與自家品牌、商品競爭的企業。**分析對象包括預計投入市場的新興企業，以及其商品可能替代自家商品的企業。

另外，**公司內部分析（Company）是指分析自身所擁有的資源。**這必須從內部資源及市場上的地位兩個方面來了解。內部資源包含有：人力資源、資金力、技術力、技術知識等的累積；市場上的地位則包含：消費者的認知、品牌力、市占率等的分析。

## 3C分析

| 名稱 | 分析對象 | 概要 | 內外區分 |
|---|---|---|---|
| 顧客分析 | 顧客 Customer | 分析自家公司的顧客。可蒐集到各種資訊，包含從年齡、性別、職業、所得、學歷、生命階段等統計數據，推測生活風格、個性、居住地點、商品的購買頻率、購買理由等，再將資訊進行分析。 | 外部因素 |
| 競爭對手分析 | 競爭對象 Competitor | 分析足以和自家品牌及商品競爭的企業。必須分析的對象包括預計投入市場的新興企業以及其商品可替代自家商品的企業。<br>另外，從能在市場占有一席之地的角度來看，也有可能與完全不同領域的企業競爭。例如，週刊雜誌的競爭對手，也可以是行動電話或掌上型遊戲主機等。 | 外部因素 |
| 公司內部分析 | 公司的實力 Company | 分析自家公司所擁有的資源。必須由「內部資源」與「市場上的地位」兩個方面來了解。<br>內部資源包含有：人力資源、資金力、技術力、技術知識等的累積；市場上的地位則包含：消費者的認知、品牌力、市占率等的分析。 | 內部因素 |

02

# 掌握公司的優勢與劣勢、外部的機會與威脅

**SWOT分析**主要是聚焦於自家公司，用以同時整理公司內部環境狀況及外部環境變化的工具。不論是什麼樣的企業，與其他公司相比，肯定存在**優勢（Strength）**與**劣勢（Weakness）**；其帶來的外部環境變化，可能是擴大商業的**機會（Opportunity）**，也有可能是**威脅（Threat）**。取這四個要素的字首，稱為SWOT分析。

首先，內部環境方面，可以整理公司的優勢與劣勢。以玉屋為例，老字號招牌、對食材的堅持、出自職人之手等，有這些優勢可向客人宣傳。然而，一天的生產量有限、成本提高等則為劣勢。另一方面，外部環境的變化有人們對貨真價實的意識抬頭的機會。此外，用值得信賴的安心食材使得原物料成本高漲、主要顧客的流失等則為威脅。

除以上因素外，還要加上行銷薄弱的內部環境劣勢、以及來自大型競爭對手攻擊的外部環境變化，因此必須儘早擬定策略。

## 外部環境及內部環境變化造成的利弊

| | 「正面」條件 | 「負面」條件 |
|---|---|---|
| 因「內部環境」所造成的 | 優勢（Strength） | 劣勢（Weakness） |
| 因「外部環境變化」所造成的 | 機會（Opportunity） | 威脅（Threat） |

## 「玉屋」的SWOT分析

**Strength（自家優勢）：**
老字號招牌、對食材的堅持、出自職人之手

**Weakness（自家劣勢）：**
規模小、生產量有限、成本偏高

**Opportunity（機會）：**
對於安心安全食物的需求、講究貨真價實

**Threat（威脅）：**
原物料高漲、主要顧客流失

還有行銷薄弱的情況

然後，這次遇到來自對手的攻擊

# 03 結合內部因素與外部因素擬定對策

ＳＷＯＴ分析僅能做到現狀分析，想要進一步擬定策略，則需要使用改良後的**ＳＷＯＴ交叉分析**。ＳＷＯＴ交叉分析，是將ＳＷＯＴ分析整理出來的機會與威脅、優勢與劣勢，置於矩陣中交叉比對。將內外部因素互相組合後，從策略的角度來考慮企業的下一步的工具。

例如，想要利用具有優勢的領域來創造新機會的時候，需採取積極的進攻策略。此外，在具有優勢的領域中，因外部環境的變化而受到威脅時，則需考量採取差異化策略來迴避威脅。相反地，想要利用較為劣勢的領域來創造新機會的時候，則需採取克服劣勢的階段性實施策略；而在劣勢領域中遭受到威脅時，需要考慮採取撤退策略。

以漫畫中的玉屋為例，因為對食材的堅持而使用嚴選北海道在地食材、商品則是由以父親為首的職人們親手製作，可以回應客人需要安心安全食物的訴求。另外，因為是傳承自明治時期的老字號招牌，可以強調與新興的競爭對手不同，講求貨真價實。

## SWOT交叉分析

| | | 內部環境 | |
|---|---|---|---|
| | | 優勢<br>Strength | 劣勢<br>Weakness |
| 外部環境的變化 | 機會<br>Opportunity | **積極的進攻策略**<br>自家優勢能夠創造什麼樣的商機？ | **階段性實施策略**<br>自家劣勢可能錯失什麼樣的機會？／應如何防範？ |
| | 威脅<br>Threat | **差異化策略**<br>僅靠自家優勢能夠迴避威脅嗎？／遭受其他公司的威脅，能靠自家公司的優勢凸顯差異嗎？ | **專守防衛或者撤退策略**<br>面對威脅時自家劣勢會造成什麼樣的影響？／應如何防範？ |

由客觀的角度檢討優勢與劣勢，並同時分析機會與威脅，就能進一步擴增選項！

## 使用SWOT分析
## 表列並擴展選項(案例)

| | | 內部環境 | |
|---|---|---|---|
| | | 「自家優勢」<br>老字號招牌、對食材的堅持、出自職人之手 | 「自家劣勢」<br>規模小、生產量有限、成本偏高、行銷薄弱 |
| 外部環境的變化 | 「機會」<br>對於安心安全食物的需求、講究貨真價實 | 回應顧客對安心食品的訴求<br>以貨真價實進行宣傳 | 向客人傳達因講究貨真價實及對食材的堅持，所以生產數量及價格都有其限制<br>在行銷方面下工夫 |
| | 「威脅」<br>原物料高漲、主要顧客流失、來自競爭對手的攻擊 | | |

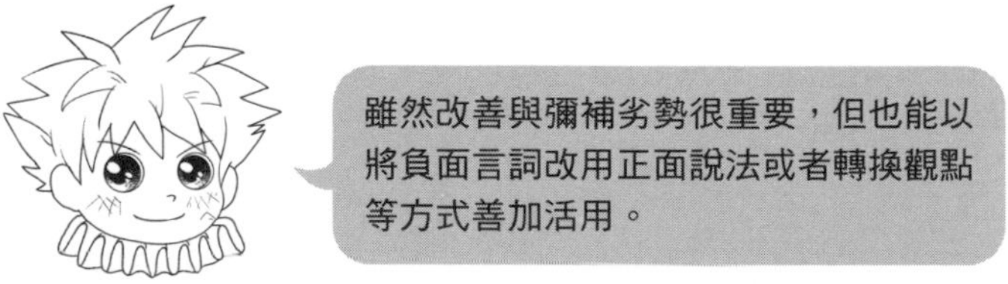
雖然改善與彌補劣勢很重要，但也能以將負面言詞改用正面說法或者轉換觀點等方式善加活用。

漫畫中玉屋原本就有自家優勢，只需要在背後推一把，就能夠創造許多商機，但他們卻沒有將這些條件善加組合運用。因此，「許多客人不曉得他們對食材的堅持，也不知道這是間老字號店鋪，從店門口經過也不會光顧。雖然對饅頭的製作很講究，但在銷售方面卻不講究，也就是行銷薄弱，在經營方面下的工夫不夠……」從這樣的考量下就能更進一步討論。

分析到這裡的話，就能具體檢討應該如何在經營方面下工夫，像是可以活用自家優勢強力宣傳，並同時以正面說法呈現原本應為劣勢的數量與價格限制。

利用SWOT整理現狀，再由SWOT交叉分析檢討下一步應該採取的策略。

# 04

# 分成五個要素進行分析

想要了解公司的產業結構，可以借用**五力模型（Five-forces Model）**。關於自家公司周圍的情況，可以從五個競爭要素來說明：公司與①**業界內的競爭業者**的關係、②**新加入業者**、③**替代品**的威脅、④**賣方**的供給業者與⑤**買方**的交涉力等，並能藉此掌握業界的魅力度等資訊。

例如，雖然是正在成長的領域，但競爭業者愈多，敵對關係就愈強烈，反而缺乏業界魅力。再來，如果新投入市場的企業愈多，收益也就難以提升。相反地，雖然是成長滯緩的領域，但業界競爭者不多，新投入市場的企業也少，這樣的話，就能不費吹灰之力使得獲利增加。

借用五力模型，我們能夠鎖定首當其衝的要素，再利用該市場的競爭規則，使業界結構轉向對自家公司有利的方向。

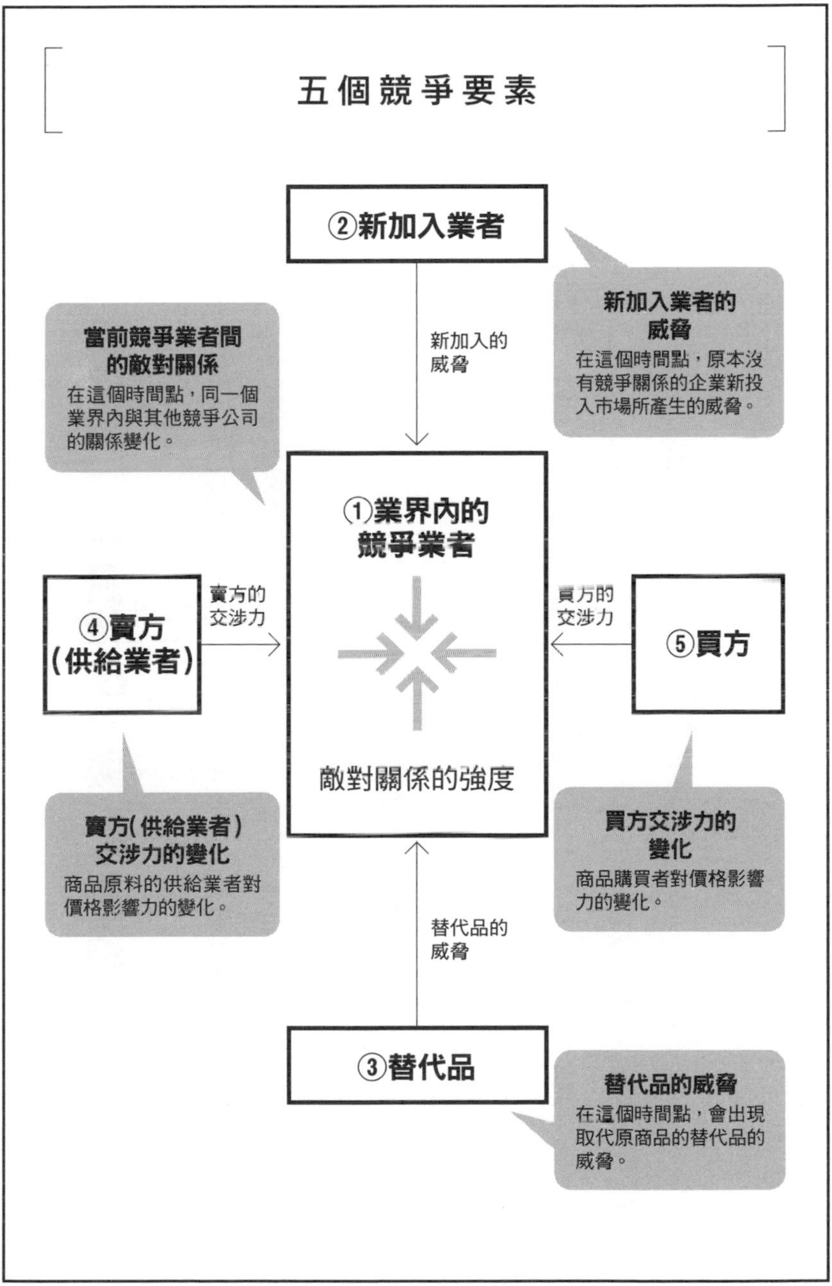
五個競爭要素
②新加入業者
新加入的威脅
新加入業者的威脅
在這個時間點，原本沒有競爭關係的企業新投入市場所產生的威脅。
當前競爭業者間的敵對關係
在這個時間點，同一個業界內與其他競爭公司的關係變化。
①業界內的競爭業者
敵對關係的強度
④賣方(供給業者)
賣方的交涉力
⑤買方
買方的交涉力
賣方(供給業者)交涉力的變化
商品原料的供給業者對價格影響力的變化。
買方交涉力的變化
商品購買者對價格影響力的變化。
替代品的威脅
③替代品
替代品的威脅
在這個時間點，會出現取代原商品的替代品的威脅。

# 05

## 決定「賣給誰」、「賣什麼」與「怎麼賣」

透過SWOT分析等方法，了解自家公司在哪塊領域最為活躍之後，再決定公司的生存領域，也就是**策略範圍**。

策略範圍由三大要素構成：遴選「賣給誰？」的「Who：目標客群」、決定「賣什麼？」的「What：顧客需求」和決定「怎麼賣（提供）？」的「How：獨特能力」。

**策略範圍是根據內部環境的優勢與劣勢，以及外部環境的機會與威脅，決定「賣給誰、賣什麼、怎麼賣？」**策略範圍明確後，更容易擬定個別策略、落實現場戰術，而且能夠維持一貫性。根據制定的策略範圍，了解具體需要什麼樣的準備，以及必要的人力、物力、資訊與資金等資源（resource），然後再決定採行的行銷策略。

## 策略範圍的制定

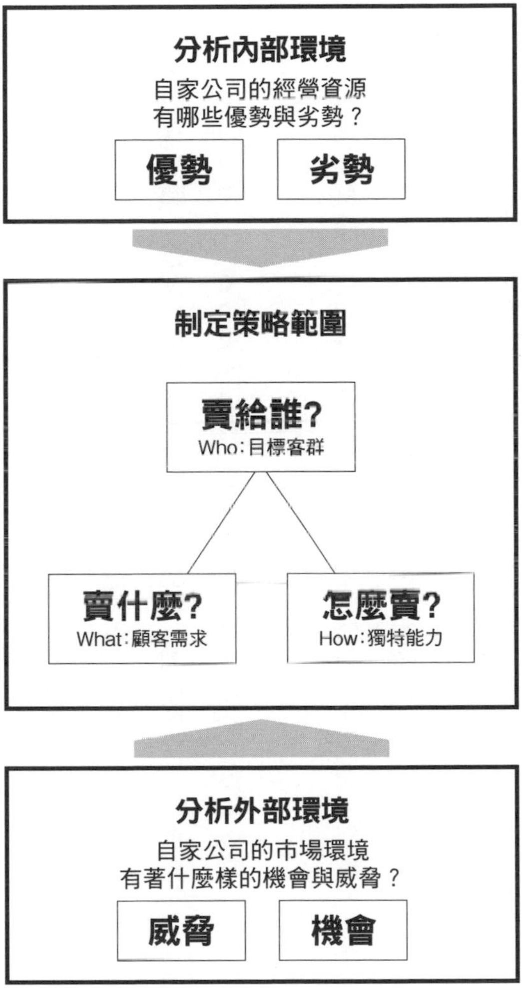
分析內部環境
自家公司的經營資源
有哪些優勢與劣勢？
優勢
劣勢
制定策略範圍
賣給誰?
Who:目標客群
賣什麼?
What:顧客需求
怎麼賣?
How:獨特能力
分析外部環境
自家公司的市場環境
有著什麼樣的機會與威脅？
威脅
機會

06

# 各種行銷策略

決定成長、擴張的事業之後，接著需要考慮如何迎戰其他的競爭公司。針對競爭的企業可採取各式各樣的行銷策略，而其中最具代表性的有下述四種行銷策略。

①**模仿策略**，是為了迴避新產品的開發風險，因此模仿先行企業的產品並投入市場的策略。漫畫中，伊蒙建議競爭對手木座點心廠的「強者的模仿策略」，就是屬於這類型的策略。

②**市占率策略**，是著眼於特定市場市占率的策略。透過導入新產品、增加廣告宣傳費用，目標在於提升市占率，這是**擴大市場占有率策略**的基本做法。

③**區隔策略**，是將市場劃分成較小的區塊（區隔），採用最適切的行銷活動。

④**（產品）差異化策略**，是利用產品的獨特性，凸顯競爭上的優異性、差異性，企求擴大自家市占率的策略。為了避免流於價格競爭，除了商品策略，也需要檢討流通策略或宣傳策略等各方面。

## 四種行銷策略

| 策略 | 概要 |
| --- | --- |
| ①模仿策略 | 為了迴避新產品的開發風險，因此模仿先行企業的產品並投入市場的策略。具代表性的是「三大創造性模仿策略」：低價策略、模仿改良策略、活用市場力策略。 |
| ②市占率策略 | 著眼於企業在特定市場的市占率的策略。「擴大市場占有率策略」的基本做法是透過導入新產品、增加廣告宣傳費用，目標在於提升市占率。<br>再加上，一心死守現有市占率的維持市場占有率策略、收穫策略、撤退策略等，合稱「四個市占率策略」。 |
| ③區隔策略 | 根據某個基準，將市場劃分成較小的區塊，於各區隔施行最適切行銷活動的「市場劃分策略」，以及對其中特定區隔施行最適切行銷活動的「特定市場集中化策略」。<br>現今，管理複數區隔的做法過於繁雜，容易造成企業資源（resource）不足，因此多數企業會採取特定市場集中化策略。 |
| ④(產品)差異化策略 | 利用產品的獨特性，凸顯競爭上的優異性、差異性，企求擴大自家市占率的策略。為了避免流於低價競爭，除了商品策略之外，也必須充分檢討流通策略與宣傳策略等。<br>實際操作上，需借用「4P」來執行各項策略與戰術。 |

07

# 創造競爭優勢

根據前面四種行銷策略，波特（Michael Porter）提出了**「三大基本策略」**。基本策略有：為展現自身相對於業界其他公司的優勢，主張產品的獨特性，企求獲得競爭優勢的**差異化策略**；和藉由壓低生產等成本，以提供優於競爭對手的低廉價格，企求創造競爭優勢的**成本導向策略**。

此處的重點在於，為了藉由產品的獨特性實現差異化，需要高額的產品開發費用（成本）。希望凸顯差異化會增加成本，但壓低成本又難以實現差異化。

這項策略並非僅適用大型企業，即便是小型企業，若能遴選實施的區隔，活用有限的資源的話，也能藉由**差異化集中策略**或者**成本集中策略**創造競爭優勢。

漫畫中的玉屋若想展現超越對手的競爭優勢，就應該得要使用差異化集中策略，在特定區隔中凸顯商品的差異性吧。

# 波特的三大基本策略

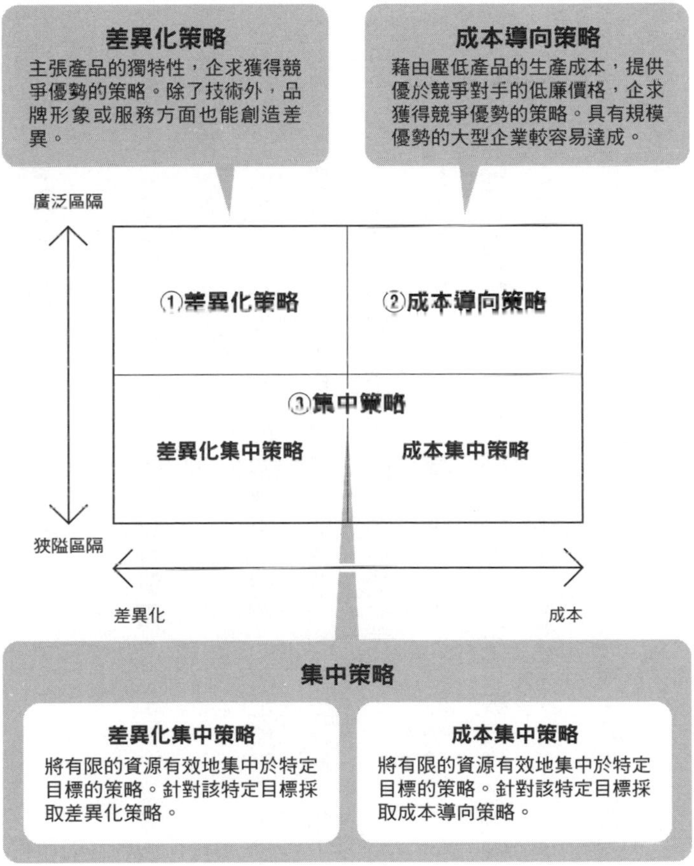
差異化策略
主張產品的獨特性，企求獲得競爭優勢的策略。除了技術外，品牌形象或服務方面也能創造差異。
成本導向策略
藉由壓低產品的生產成本，提供優於競爭對手的低廉價格，企求獲得競爭優勢的策略。具有規模優勢的大型企業較容易達成。
廣泛區隔
①差異化策略
②成本導向策略
③集中策略
差異化集中策略
成本集中策略
狹隘區隔
差異化
成本
集中策略
差異化集中策略
將有限的資源有效地集中於特定目標的策略。針對該特定目標採取差異化策略。
成本集中策略
將有限的資源有效地集中於特定目標的策略。針對該特定目標採取成本導向策略。

# 08

# 根據市場定位改變競爭方式

菲利普・科特勒（Philip Kotler）的**競爭地位別策略**，是根據企業雙方的競爭地位關係來整理的。

這是著眼於人力、物力、金錢、資訊等各種經營資源，制定策略的工具。以「相對質的經營資源」的充實度高低，與「相對量的經營資源」的大小為軸，作出四區塊的矩陣。然後，分別依照各區塊所需要的策略，賦予各自的名稱。

在業界頂端執牛耳的領導者，期望擴大整體市場，主要採取避免與其他公司競爭的策略。想要爭奪領導地位的挑戰者，在特定領域中採取差異化或市場區隔化等策略，企求擴大自身的市占率。另外，利基者主要採取遴選商品種類，專注特定領域，活用技術力等的策略。追隨者則是模仿領導者或挑戰者已經成功的路線，藉由提供價格低廉產品的策略，以追求最大收益為目標。

根據自家公司所擁有的經營資源來轉換所採取的競爭策略。

## 競爭定位

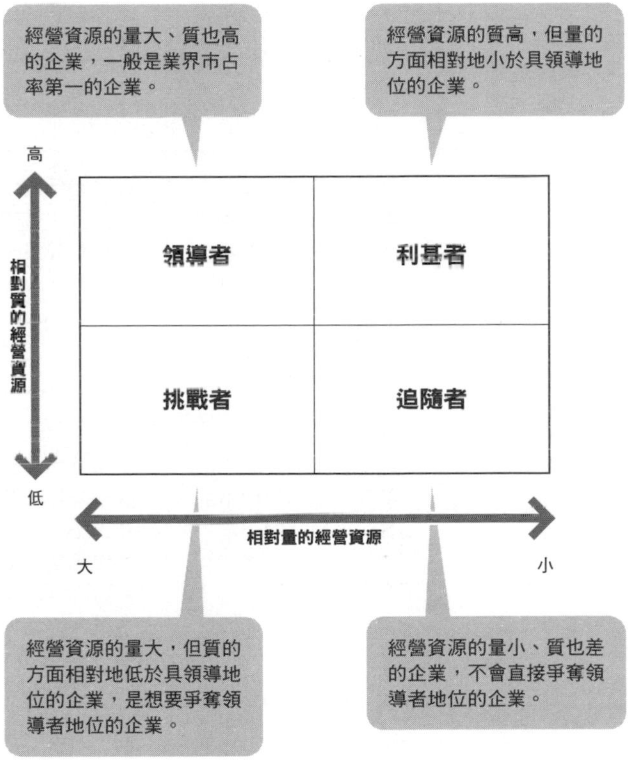
經營資源的量大、質也高的企業，一般是業界市占率第一的企業。
經營資源的質高，但量的方面相對地小於具領導地位的企業。
高
相對質的經營資源
低
領導者
利基者
挑戰者
追隨者
大
相對量的經營資源
小
經營資源的量大，但質的方面相對地低於具領導地位的企業，是想要爭奪領導者地位的企業。
經營資源的量小、質也差的企業，不會直接爭奪領導者地位的企業。

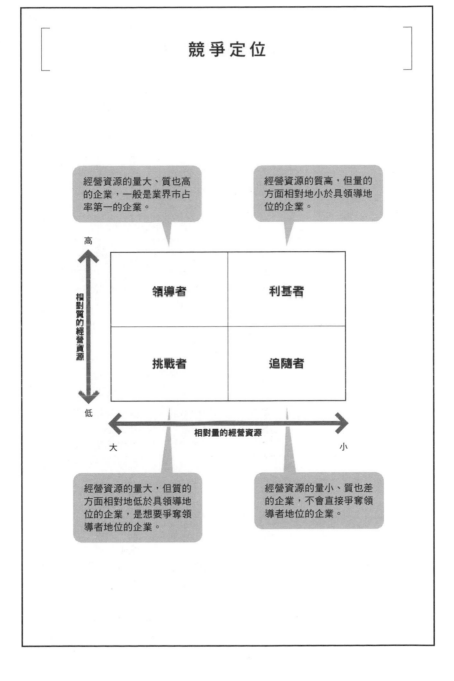

## 競爭地位別策略

| | 課題 | 企業狀況 | 策略 |
|---|---|---|---|
| **領導者** | ・維持、擴大市占率<br>・追求更高的利潤<br>・確保廣泛的名聲 | ・經營資源的量大、質也高的企業。<br>・一般是業界市占率第一的企業。 | 企求擴大整體市場，採取避免與其他公司競爭的策略。 |
| **挑戰者** | ・擴大市占率 | ・經營資源的量大，但質的方面相對地低於具領導地位的企業，是想要爭奪領導者地位的企業。<br>・通常多為業界中位居2～4名的企業。 | 在特定領域中採取差異化或市場區隔化等策略。 |
| **利基者** | ・追求利潤<br>・確保特定的名聲 | ・經營資源的質高，但量的方面相對地小於具領導地位的企業。 | 不選擇如領導者的全商品線策略(Full-line Strategy)或擴張量，而是採取在特定領域發揮優異技術力的策略。 |
| **追隨者** | ・追求利潤 | ・經營資源的量小、質也差的企業。<br>・不直接爭奪領導者地位的企業。 | 模仿領導者或挑戰者已經成功的路線，採取以降低成本為目標的策略。 |

## Part 5

# 思考到底要賣給誰

玉屋的新客人？
Story 5
我已經了解如果不把玉屋的商品優點傳達出去是不行的。
但應該傳達給誰才好？
因為老顧客的話早就已經知道了啊。
如果是沒有來過玉屋的人應該怎麼傳達呢？
等、等一下，新的客人在哪裡？
如果是沒有來過玉屋的人是要怎麼傳達呢？
若是之前伊蒙教我的做法，只會讓玉屋一團糟而已。
腦袋快要爆炸了!!
先、先冷靜下來！

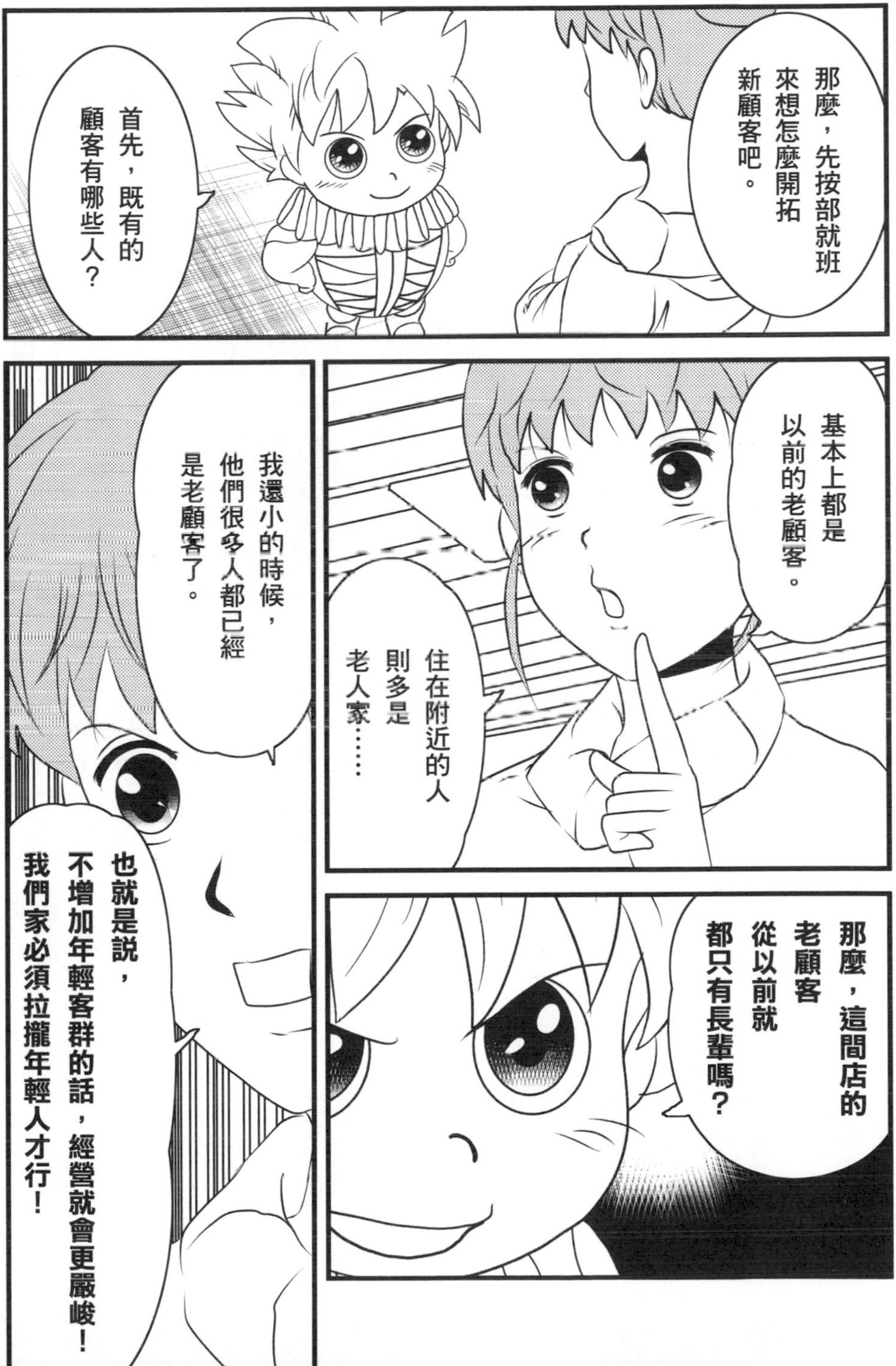
那麼，先按部就班來想怎麼開拓新顧客吧。
首先，既有的顧客有哪些人？
基本上都是以前的老顧客。
住在附近的人則多是老人家……
我還小的時候，他們很多人都已經是老顧客了。
那麼，這間店的老顧客從以前就都只有長輩嗎？
也就是說，不增加年輕客群的話，經營就會更嚴峻！我們家必須拉攏年輕人才行！

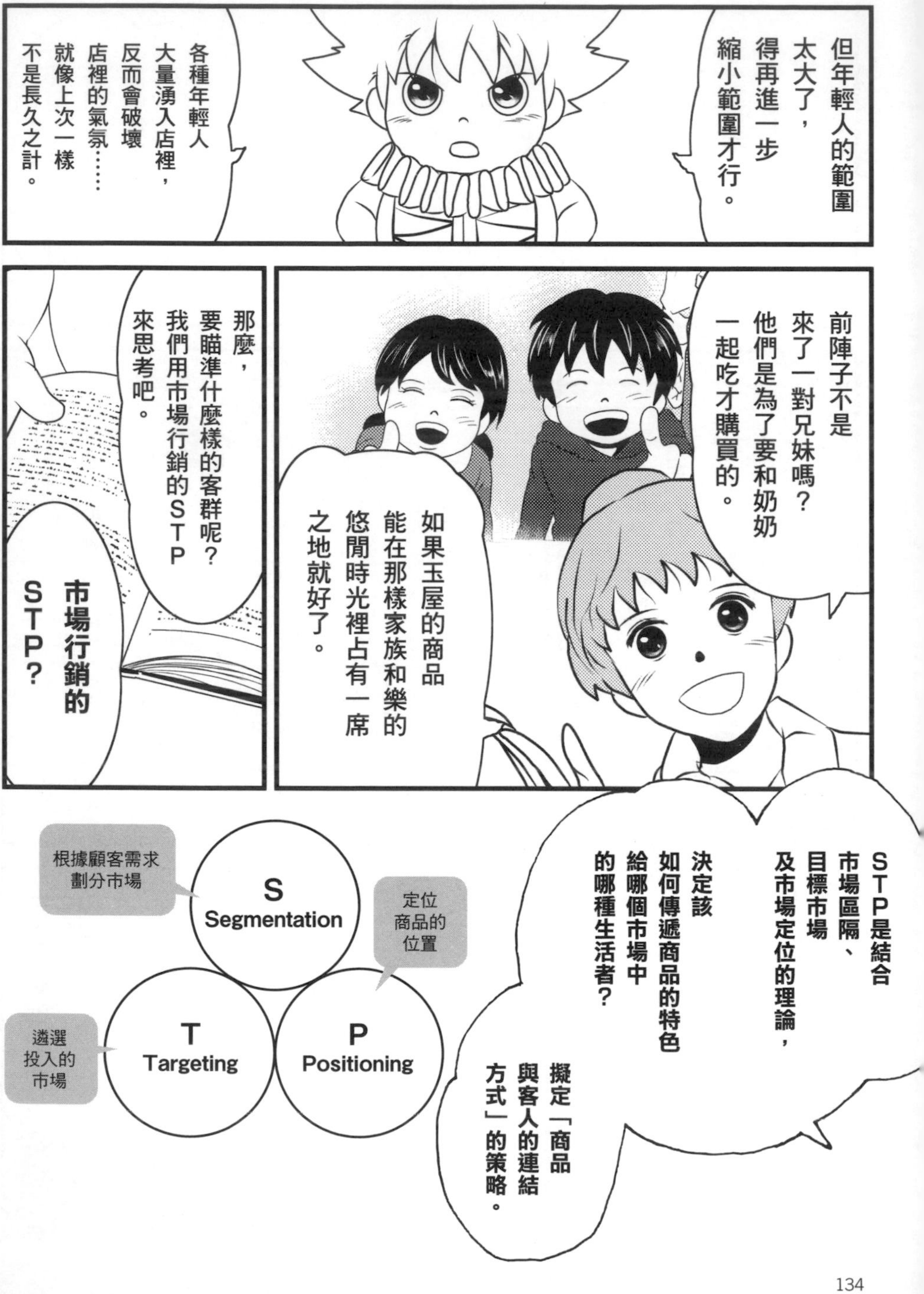

但年輕人的範圍太大了，得再進一步縮小範圍才行。
各種年輕人大量湧入店裡，反而會破壞店裡的氣氛……就像上次一樣不是長久之計。
前陣子不是來了一對兄妹嗎？他們是為了要和奶奶一起吃才購買的。
如果玉屋的商品能在那樣家族和樂的悠閒時光裡占有一席之地就好了。
那麼，要瞄準什麼樣的客群呢？我們用市場行銷的STP來思考吧。
市場行銷的STP？
STP是結合市場區隔、目標市場及市場定位的理論，
決定該如何傳遞商品的特色給哪個市場中的哪種生活者？
擬定「商品與客人的連結方式」的策略。
根據顧客需求劃分市場
S Segmentation
定位商品的位置
遴選投入的市場
T Targeting
P Positioning

首先，我們來討論招牌的鞠檬饅頭吧。
因為是既有的商品，所以「商品本位」的市場區隔與目標市場都很明確。
首先，商品特色是什麼？
良心食材和貨真價實。
而且，日式點心適合搭配茶飲。
接著是想要招攬什麼樣的客人？
麻里萌希望什麼樣的人把鞠檬饅頭買回家呢？
嗯……
伊蒙的做法帶來人潮的時候，顧客中有各種的人。
回想一下他們是什麼樣的人。
平日白天來的是年輕情侶、還沒出社會的年輕人，
還有主婦及像是在職場工作的女職員。
下午則是下班回家的人們，
還有帶著家人開車旅遊，順道繞過來的人。

沒錯，有各種的客人。
年輕單身客群
家庭客群
老年客群
年輕客群
例如單身的年輕人、家庭客群、老年客群、年輕客群等，像這樣區分成不同的客群，稱為市場區隔。
這些客群當中，哪些人會定期來購買鞠檬饅頭呢？
雖然年輕人願意嘗新，但基本上不會再次購買。
加上與巧克力或餅乾糖果相比保存期限較短，所以自己住的單身貴族也不會偏好這類的點心……
這樣說的話平常有喝茶習慣的人，
果然還是老人家。他們肯定是主要客群。
老年客群
那麼，難道沒辦法拉攏有小朋友的家庭客群了嗎？
就現在招牌商品的「商品本位」來說，的確有些困難。

啊……！不過，最近這附近正在開發住宅用地，這樣年輕的家庭客群不就會增加嗎？
不能拉攏這樣的客群嗎？家庭客群的話，家長對於食安問題也比較注重。
而且，以那對兄妹為例，商品也可能間接行銷至爺爺或奶奶。
這樣的話……算是選定目標市場了，接著可用「市場本位」來開發商品。
目標市場鎖定家庭客群這一塊!!
也就是說必須開發出家庭客群會想要購買的商品!!
只靠玉屋的招牌商品是不足以吸引家庭客群的。
這間店的問題點漸漸都找出來了。
總之！

我們家現在需要的是新商品！
……
但是……要開發什麼樣的商品才好呢？
木座製薬　株式会社
說真的……伊蒙真是厲害耶。
自從他來了公司的業績是直線上升。
他不但贏得了大老闆的信任，
女性職員也都很喜歡他，太厲害了！
什麼嘛！大家都在說伊蒙、伊蒙的！
帶他來的可是本大爺我啊！

好痛！
ガツン
你這是幹什麼！
你已經沒有利用價值了。我的目的只是擊垮麻里萌的店鋪。
哈——哈、哈、哈！
接下來，我要用自己的方法。你已經沒用了！
咦，話說回來，伊蒙人呢？
真是的！這麼重要的時候，他跑去哪裡溜搭閒晃了啊！

01

# 連結商品與客人的「STP」

本章說明的**STP**（Segmentation、Targeting、Positioning）是**「連結商品與客人的方法」的戰略**，也就是為了讓客人購買商品，決定要針對哪種市場中的哪種生活者來傳達哪種商品的哪種形象。

使用這個STP時需要注意的是，漫畫中羅吉所說「商品本位」與「市場本位」的思維。販售商品的公司情況各有不同。過去舊有的商品、先前開發的商品等，必須想盡辦法販售這些商品的公司，需以商品存在為前提的「商品本位」思考STP。

另一方面，還未決定販售或者預計開發的新商品，則需先尋找潛在市場，配合該市場選定商品並進行開發，以「市場本位」決定STP。**我們需要根據公司自身所處的狀況，分別使用以商品的存在為前提來決定市場的「商品本位」，和配合潛在市場開發商品的「市場本位」。**

## 市場區隔的步驟與兩種STP

| STEP | 步驟 | 概要 |
| --- | --- | --- |
| STEP1 | 決定目標市場 | 根據市場自身所持的優勢，決定實行的方法及行銷組合。 |
| STEP2 | 決定市場區隔的變數 | 決定劃分方式，以便找出擁有特定需求的目標。 |
| STEP3 | 描繪市場區隔的輪廓 | 調查人口統計、地理變數、買方的行動與反應。 |
| STEP4 | 選定投入的市場區隔 | 綜合自家的資源與競爭對手的狀況等，遴選收益最大、可能性最高的市場區隔。 |
| STEP5 | 制定行銷組合 | 根據前面的步驟，擬定4P（→參照Part4）等實行計劃。 |

| 分類 | 狀況 | 進行方式 |
| --- | --- | --- |
| 商品本位 | 必須將所有已開發商品投入其他市場 | 首先，根據市場區隔假定目標客群，依照選定的目標客群調整商品概念。將舊有商品置於眼前，設計目標客群可能會喜歡的商品概念，根據此概念商品定位也會改變。調整目標客群、商品定位、行銷企劃，使其相互扣合且具有整合性。 |
| 市場本位 | 先尋找潛在市場，再開發商品 | 在開發新商品之前，先檢討「什麼樣的生活者」「為了什麼目的」購買商品？此時，需要使用「定位地圖」。將消費者腦中的比較基準轉為具體圖像，就能發現還未獲得滿足的需求市場。 |

## 02

# 劃分相似的生活者

在「商品本位」的情況下特別重視市場區隔。在開發新商品的時候不用說，對於已開發完成的商品也相當重要。必須思考並設定出「賣給誰，會使對方感到高興，還能有效率地販售商品？」

現今，各大領域皆有複數企業激烈競爭，而且生活者的生活風格也相當多樣，單一商品難以滿足所有生活者的需求和欲望。因此，多數企業會從生活者中遴選行銷對象後再推展商業行為。為凸顯與其他競爭公司的差異，企業會將生活者所在的市場進行劃分，僅針對特定客群推廣商品。

如上述，**對市場進行劃分的概念稱為市場區隔（Segmentation），劃分出來的客群稱為區隔。為了使企業或商品能與生活者緊密連結，區隔的設定是非常重要的課題。**

即便提供良好的商品與服務，如果區隔設定不當，商品仍有可能賣不出去。

## 市場區隔的範例
## （以年齡來區隔的場合）

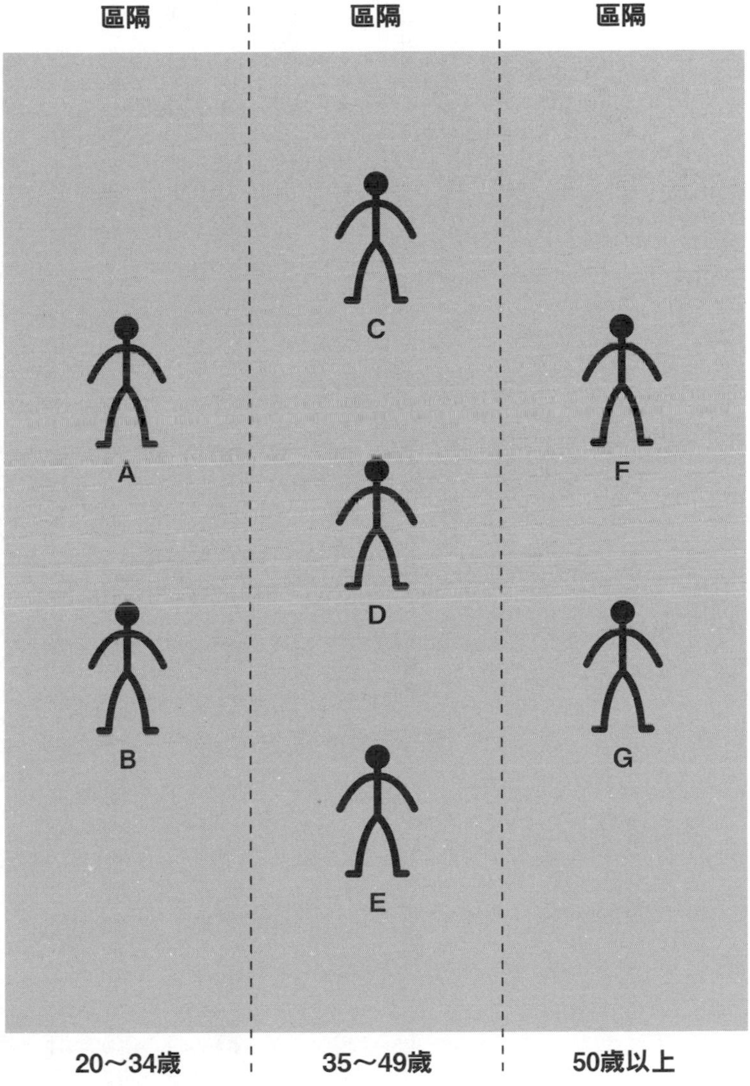
區隔
區隔
區隔
A
B
C
D
E
F
G
20～34歲
35～49歲
50歲以上

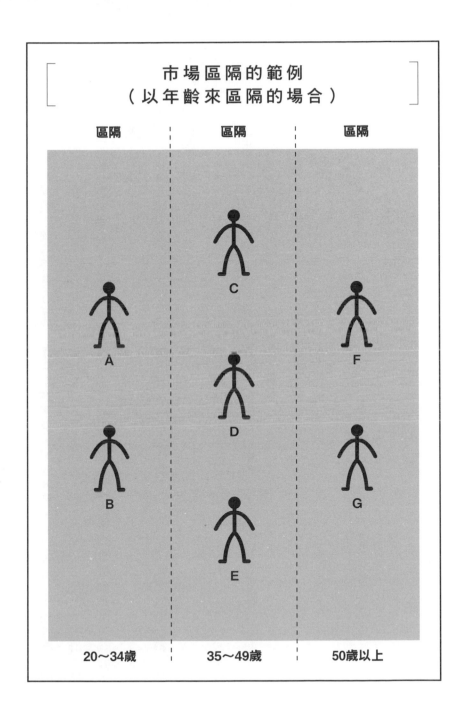

如同漫畫中羅吉將客人分成「年輕單身客群、家庭客群、老年客群、年輕客群」四大區隔，藉由觀察、調查及想像使用自家商品的生活者，將生活者分成複數的客群。從完成區分的客群中，鎖定會購買商品或服務的客群，就能針對該客群制定出相關的策略、戰術。

根據市場區隔的結果，來進行開發商品、遴選販售對象的行為，稱為目標行銷。其行銷方式大致可分為三種。

完全不考慮劃分的市場，以所有區隔為對象的無差異性行銷；對各區隔實行適當行銷組合的差異性行銷；僅針對特定區隔實行特化行銷組合，不對其他區隔出手的集中性行銷。

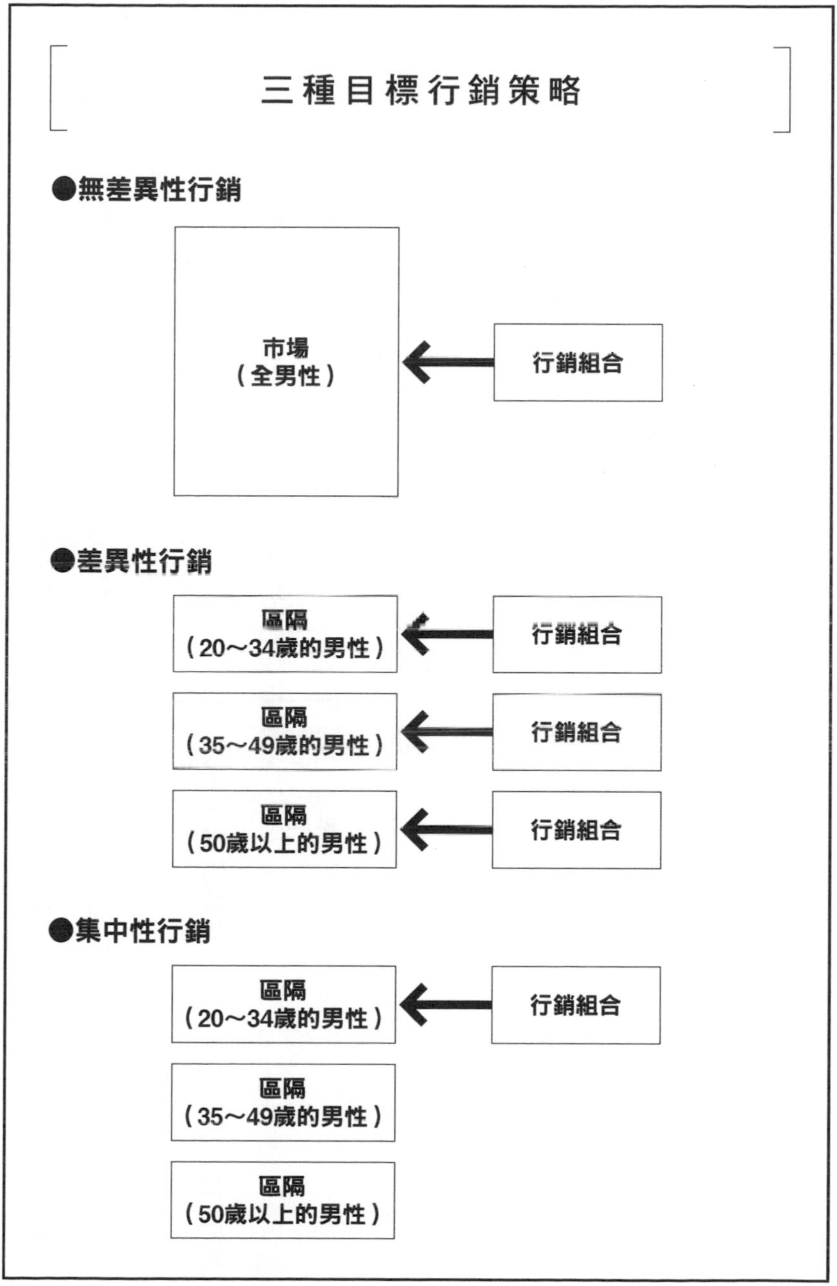
三種目標行銷策略
●無差異性行銷
市場
（全男性）
行銷組合
●差異性行銷
區隔
（20～34歲的男性）
行銷組合
區隔
（35～49歲的男性）
行銷組合
區隔
（50歲以上的男性）
行銷組合
●集中性行銷
區隔
（20～34歲的男性）
行銷組合
區隔
（35～49歲的男性）
區隔
（50歲以上的男性）

在現今社會中，除了一部分的大型企業，其餘的企業幾乎都採取集中性行銷，集中投資符合自家規模的目標市場，努力維持營收。如同麻里萌他們一樣，企業會先遴選反應可能不錯的對象，集中開發商品並進行促銷。

這麼重要的市場區隔則可以分為：居住場所等**地理變數**；年齡、性別等**人口統計變數**；生活風格、價值觀等**社會與心理變數**；以及光臨店面、購入商品的頻率等**行為變數**。從各種變數中，根據當時情況選擇最適合的要素來劃分市場。

適當的市場區隔、滿足市場需求的商品開發與行銷策略的展開等皆能夠大幅提高成功的可能性喔。

另外，以生活者所在的市場為對象的話，使用的工具是市場區隔；以顧客為對象的話，則使用的工具為顧客區隔。

## 市場區隔與目標選定（案例）

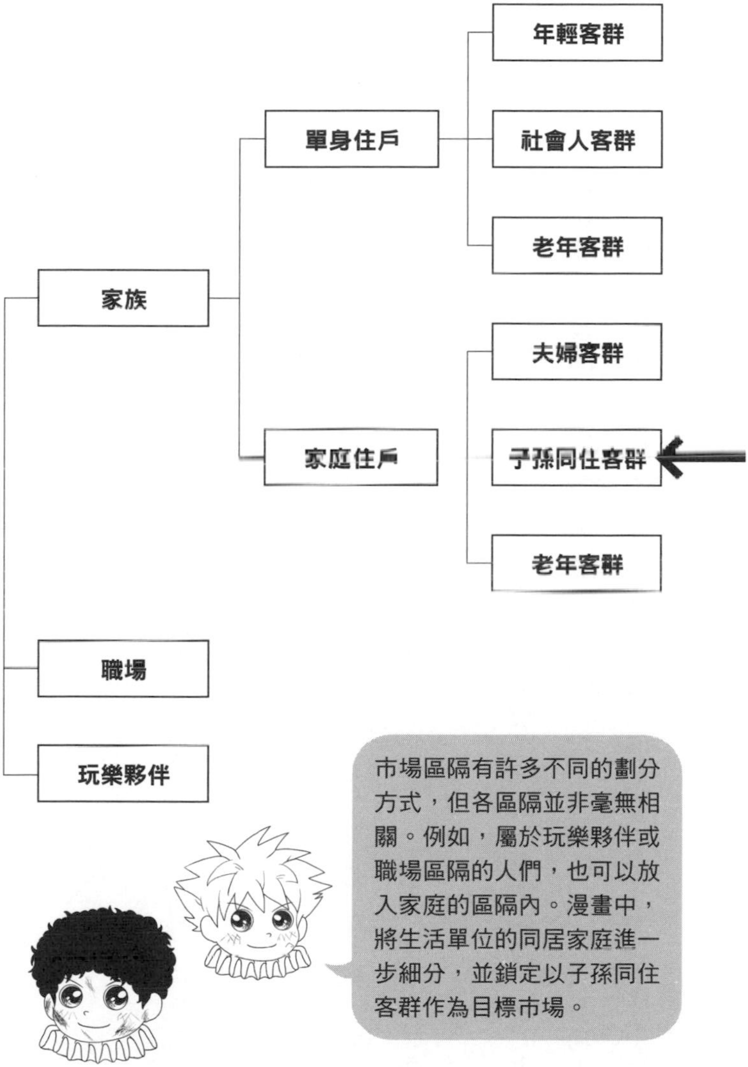
年輕客群
單身住戶
社會人客群
老年客群
家族
夫婦客群
家庭住戶
子孫同住客群
老年客群
職場
玩樂夥伴
市場區隔有許多不同的劃分方式，但各區隔並非毫無相關。例如，屬於玩樂夥伴或職場區隔的人們，也可以放入家庭的區隔內。漫畫中，將生活單位的同居家庭進一步細分，並鎖定以子孫同住客群作為目標市場。

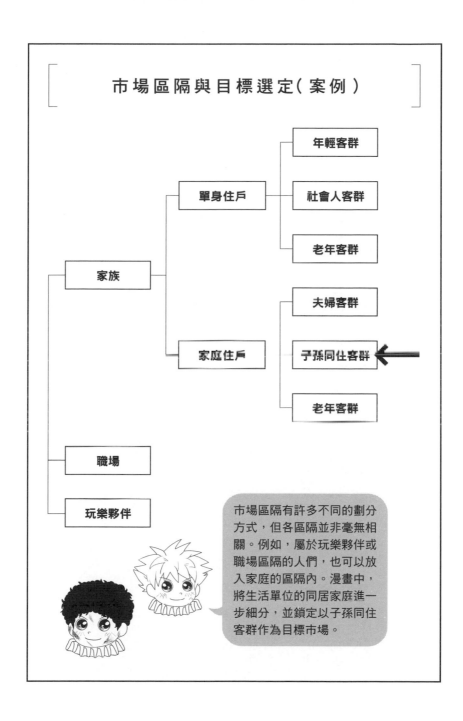

03

## 圖像化生活者的認知

**市場定位**是，顧客比較自家公司與競爭對手的商品及服務，以明白其所處地位。既有的商品不用說，對必須先尋找潛在市場、針對目標開發商品的「市場本位」來說，市場定位更顯重要。

想要開發新商品時，我們必須先了解「什麼樣的生活者」「為了什麼目的」購買商品才行。此時，**定位圖（Positioning Map）**可以助我們一臂之力。藉由具體圖像化生活者腦中的比較基準，我們就能發現還未滿足需求的市場。

舉例來說，下一頁試著製作汽車市場的定位圖。以環境問題、都市地區相關的車身大小為縱軸，以居住性、舒適性相關的車內空間為橫軸。過去的定位圖中，右下角出現空缺，看準這塊空缺開發出來的車種，即是現今相當普及的小型房車（Compact Car）。

## 汽車形狀別的分布
## 定位圖的案例

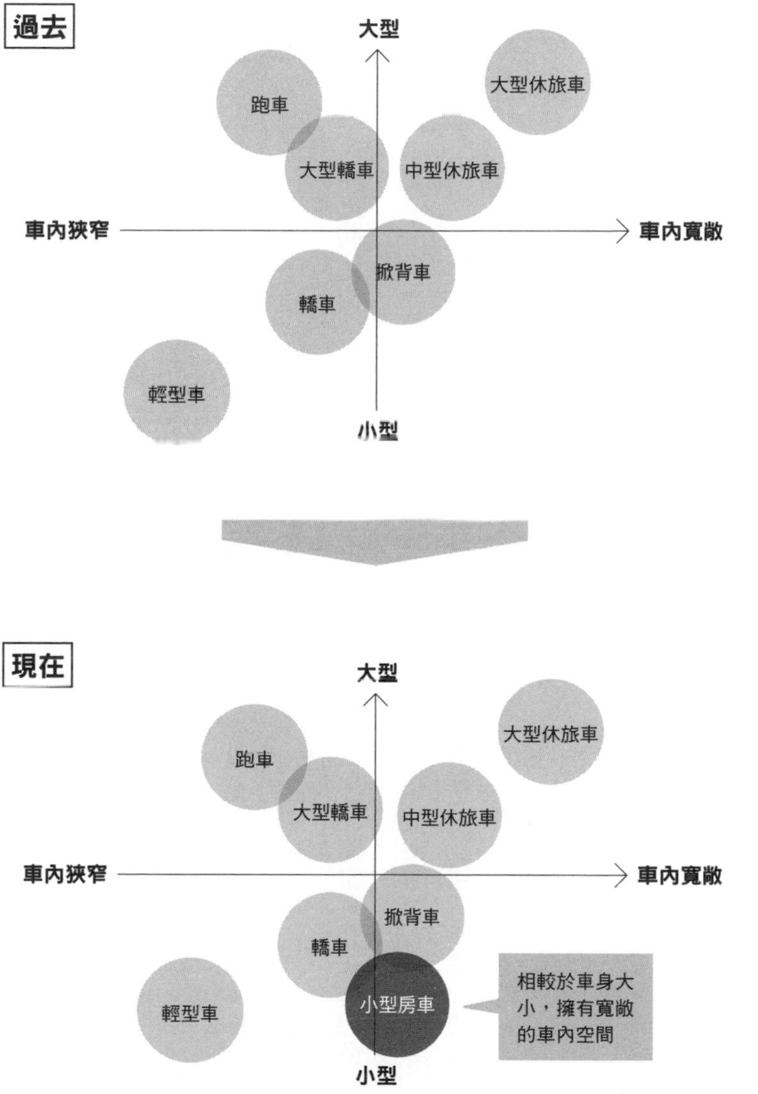
過去
大型
跑車
大型休旅車
大型轎車
中型休旅車
車內狹窄
車內寬敞
掀背車
轎車
輕型車
小型
現在
大型
跑車
大型休旅車
大型轎車
中型休旅車
車內狹窄
車內寬敞
掀背車
轎車
輕型車
小型房車
相較於車身大小，擁有寬敞的車內空間
小型

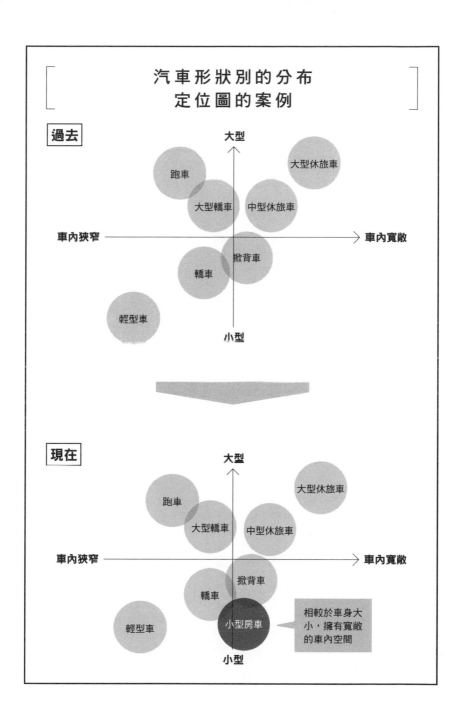

## 04 目標市場改變，商品概念也會有所不同

**商品概念（Product Concept）**是指，從開發到銷售全方位、一貫性的設計概念。

在開發新商品之「市場本位」的情況下，企業需以定位圖等選定目標市場，設定商品的市場定位，決定設計概念，再開始進行商品開發。

然而，將已開發商品投入其他市場「商品本位」的場合，企業需先以市場區隔假設目標市場，配合目標調整設計概念。將舊有商品置於眼前，設計目標客群會喜歡的商品概念，並根據此概念改變商品定位。**調整目標市場、市場定位與商品概念，使三者相互扣合且具有整合性。**

153頁的圖表是以咖啡飲品為例子，針對不同的販售目標，擬定各客群適合的商品概念。找出最適合各目標客群的商品概念後，使商品名稱、商品的包裝與大小、銷售途徑、價格等能符合該概念，並在商品的味道及食材添加等方面下工夫。

如同上述，在商品開發方面，目標市場、商品概念與市場定位有著密切的關係。

## 相互整合性的重要

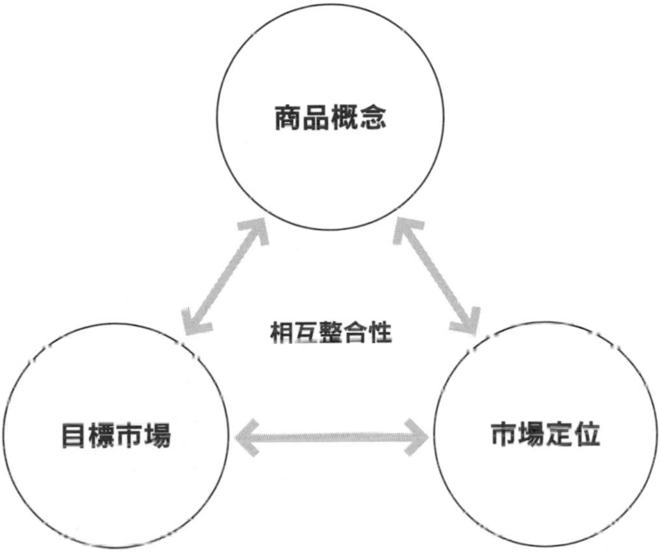
商品概念
相互整合性
目標市場
市場定位

製作商品的廠商，需以「市場本位」選定預計投入的市場後，再生產商品。零售業者的話，需針對其他廠商生產的商品，以「商品本位」面向切入，在表現及傳達方式下工夫。

從已經決定販售商品、使用食材的「商品本位」，到由地區選定、行銷規模、既有銷售通路等關係切入，事先決定目標市場的「市場本位」，兩者在經營與販售上皆會遇到各種狀況。然後，這些也會是整個企業的前提條件。為因應各種不同的狀況，必須要進行商品開發、調整目標市場的設定、變更商品概念、探索商品定位等作業。

確認完商品概念、目標市場及商品定位後，接著需要詳細檢討商品的構成要素。此時就要用到下一章將學到的要素組合觀念——行銷組合。

## 目標市場改變，商品概念也跟著改變

| 目標市場 | 商品概念（例：咖啡飲品） |
|---|---|
| 上班族（早班） | 早班專用，能完全驅散睡意 |
| 銀髮族 | 能搭配和食與和菓子的咖啡 |
| 重度咖啡成癮者 | 降低咖啡因，過量飲用也沒問題 |
| 白領族 | 重大簡報前能夠放鬆的飲料 |
| 藍領族 | 午後能激發力氣與幹勁 |
| 年輕女性 | 幫助脂肪分解、能量消耗大的減肥輔助飲料 |
| 運動選手 | 提升集中力及預防肌肉痠痛 |
| 司機 | 一杯驅趕睡意 |
| 容易感到壓力的人 | 預防憂鬱，並使人幹勁十足 |
| 中老年男性 | 能減緩宿醉頭痛 |
| 中老年女性 | 能抑制活性氧，減緩老化 |

Column2

# 遴選生活者的原則

在實行市場區隔（市場細分）的時候，我們必須遵守「市場區隔的原則」。若不滿足從這四個觀點所產生的可能性的話，即便劃分了市場，行銷策略也可能難以落實。甚至會使得事前的市場調查一無所獲，白白浪費經費。

施行市場區隔時不用說，前一個階段的市場調查也必須充分確認這些可能性。

## ■市場區隔的原則

| 原則 | 重點 | 失敗的案例 |
|---|---|---|
| 測定可能性 | 能夠實際測定嗎？ | 以心理變數為例，想要以「喜歡大車」進行分類，但人們對車子的好惡見仁見智。「喜歡什麼樣的車子？」「希望車子有什麼樣的性能？」答案千百種，市場本身難以測定。 |
| 到達可能性 | 能夠實際接觸到分類的客群嗎？ | 即便依國家的統計調查定義為富裕階層，但若不知道符合該定義的人在哪裡的話，也就接觸不到此客群。連實際訪問或聯繫都有問題的話，更不用談買賣了。 |
| 維持可能性 | 是否有足夠大的市場（利益、反應、長遠的安定性）？ | 選定非重複性商品的利基市場，若沒有足夠的目標客源，難以確保維持企業存續的營收與利益。 |
| 實行可能性 | 能否實行？ | 即便向全世界對日本的健康飲食感興趣的人們，推銷日本的高級健康食品，但考量物流的時間及成本，明顯有實行上的困難。 |

# Part 6

# 決定4P

一時的熱潮也完全冷卻下來。
製作迷你版鞠檬饅頭！
Story 6
雖然老顧客又回來光臨了，但店面也回到之前的冷清狀況。
但有一件事可說是不幸中的大幸。
我漸漸了解市場行銷的思維了……
感覺能夠將分散的拼圖拼起來了……再來，
因為這次的熱潮雖然只是少數，但有部分的年輕家庭開始知道玉屋，也成為回流客……
為了持續抓住新的顧客……
必須開發新商品……！

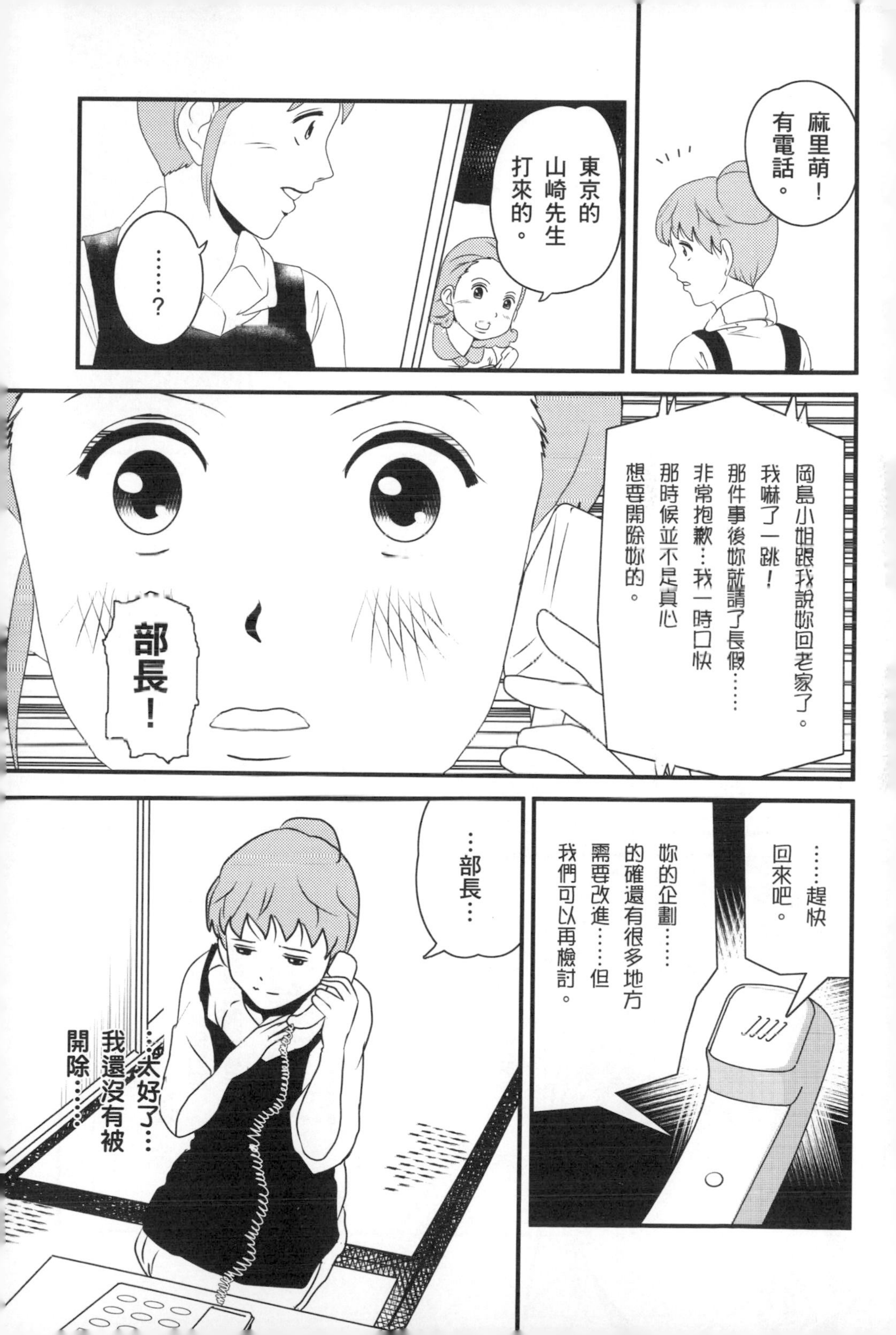
麻里萌！有電話。
東京的山崎先生打來的。
……？
岡島小姐跟我說妳回老家了。我嚇了一跳！那件事後妳就請了長假……非常抱歉…我一時口快那時候並不是真心想要開除妳的。
部長！
……趕快回來吧。
妳的企劃……的確還有很多地方需要改進……但我們可以再檢討。
…部長…
…太好了…我還沒有被開除……

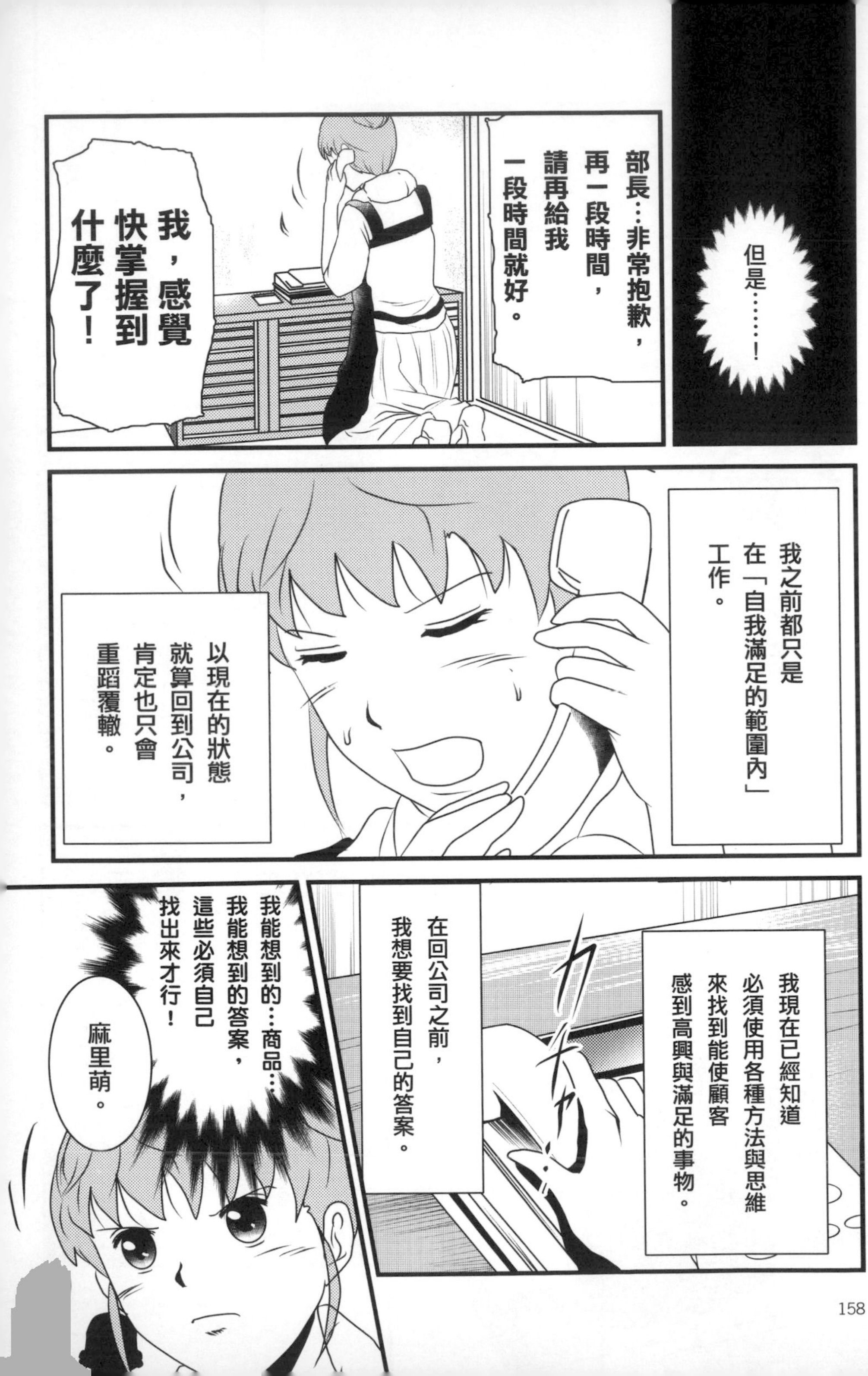
但是……！
部長…非常抱歉，再一段時間，請再給我一段時間就好。
我，感覺快掌握到什麼了！
我之前都只是在「自我滿足的範圍內」工作。
以現在的狀態就算回到公司，肯定也只會重蹈覆轍。
我現在已經知道必須使用各種方法與思維來找到能使顧客感到高興與滿足的事物。
在回公司之前，我想要找到自己的答案。
我能想到的…商品…我能想到的答案，這些必須自己找出來才行！
麻里萌。

真是的，只靠你們外行人哪做得出來？
你們想要開發新商品嘛。我們也會幫忙的。
雖然我不懂艱深的學問，但我感受到你們是真心為這間店著想。
這樣的話，也讓我盡一份心力。
老爸也已經認同你們的努力。大家一起煩惱吧。
老爸……老媽……
嗯!!
沒錯……我們要同心協力開發新商品！

你瞧！這是和老爸他們一起想的新商品！
加了玉米粒的鞠檬饅頭喔！
……
你吃看看！
……這、這是什麼……
不行嗎？那這個怎麼樣？
麻里萌，不要這麼急……
添加蘆筍！
口感好糟……
添加胡蘿蔔！
我討厭胡蘿蔔！
玉米濃湯的口味呢!?
陣亡……

那麼
起司如何!?
嗯——
這個……好吃耶。
其他還有這些。
香瓜
紅酒
草莓
芝麻
起司
抹茶
核桃
烏梅
那麼接下來就從市場行銷的4P觀點一個個討論吧。
看起來很好吃……

什麼是4P?
4P就是在開發商品時，需整合必備的要素並配合事前選定的目標市場來決定的下表的四個要素。我們選定的目標市場是家庭客群，所以……

| | |
|---|---|
| **商品策略** Product | 品質、產品種類、設計、特色、品牌名稱、包裝、尺寸、服務、保證、退貨 |
| **價格策略** Price | 期望價格、降價或折扣、優惠條件、支付期限、履約保證金 |
| **流通策略** Place | 通路、運送、庫存、流通範圍、經商選址、商品種類 |
| **促銷策略** Promotion | 溝通組合：販售促銷（SP）、廣告（AD）、公共關係（PR）、推銷能力、直接行銷、網路行銷 |

在行銷策略上，為了引出我們所期望的市場反應，必須要組合這四個P來擬定策略。
嗯……

一項一項來檢討吧。

## Product：商品策略

嗯……這些新的饅頭僅靠一般的做法要開發新的顧客恐怕很困難吧……單一口味又很單薄……
多做幾樣不同的口味再將其組合在一起如何呢？
不過以現在的大小，光吃一個饅頭肚子就感覺很飽了喔。
這樣的話，做得小一點呢？
不如把饅頭做成一口的大小？這樣就可以吃到各種口味。
若再將招牌的鞠檬饅頭也做得小一點來混搭的話，從爺爺奶奶、爸爸媽媽甚至是小孩子們都能一同享用。
家人還可以猜拳選擇自己喜歡的口味！也是聚在一起聊天的好話題。
……嗯。
這點子不錯!!

把饅頭裝進圓形的蛋糕盒，像這樣的生日包裝也不錯吧！
！
大家可以很開心地選擇自己喜歡的口味!!
這樣好像也可以當成回贈用的婚禮小物。
沒錯。再來是非常重要的事情，聽好了？
在考慮新商品的時候，必須掌握商品差異化的三大重點。

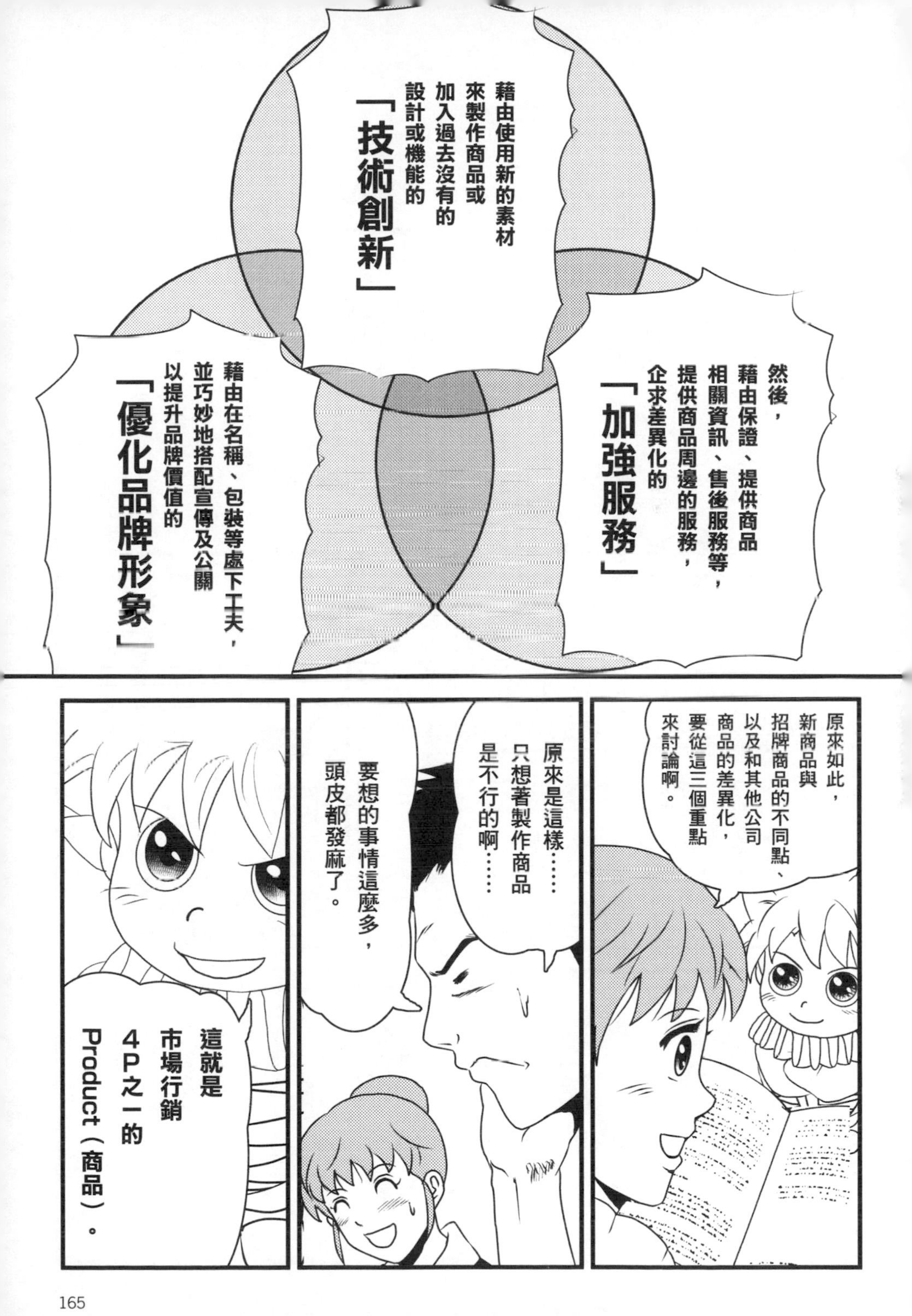
藉由使用新的素材來製作商品或加入過去沒有的設計或機能的
「技術創新」
藉由在名稱、包裝等處下工夫，並巧妙地搭配宣傳及公關以提升品牌價值的
「優化品牌形象」
然後，藉由保證、提供商品相關資訊、售後服務等，提供商品周邊的服務，企求差異化的
「加強服務」
原來如此，新商品與招牌商品的不同點、以及和其他公司商品的差異化，要從這三個重點來討論啊。
原來是這樣……只想著製作商品是不行的啊……
要想的事情這麼多，頭皮都發麻了。
這就是市場行銷4P之一的Product（商品）。

## Promotion：促銷策略

商品的方向
大致確定之後，
接著，我們來思考
促銷（Promotion）吧。
這是讓大家知道、
願意購買新商品，
需要做的努力嘛。
沒錯。
宣傳商品、
吸引客人前來購買，
稱為拉式策略
（Pull Strategy）。
相反地，
積極地向客人推銷商品，
稱為推式策略
（Push Strategy）。
現在要先讓
更多客人光臨玉屋，
所以要檢討
拉式策略嘛。
對……

……？怎麼了嗎？
沒事……我只是在想要是這個時候伊蒙在的話就好了。
我比較擅長用邏輯分析事情……伊蒙則擅長從人類的情感方面思考。
尤其是促銷策略的部分，更需要伊蒙的力量……
話說回來，一開始的策略失敗後，就沒看到人了……
真是的，到底跑去哪裡了啊……那個時候的事情我早就不放在心上了……！
伊蒙……
快點回來啊……
喝杯茶休息一下吧。

啊……前面討論新商品開發時，
不是有提到使用蛋糕盒，
讓日式點心看起來像西式點心嗎？
這應該可以帶來話題性才對！
這個想法不錯。
我們可以運用前面伊蒙的做法，
利用媒體報導新商品。
這個算是公共關係嘛。
如果資金充足的話，也想要
投放廣告（ＡＤ）但有點困難。
若是促銷（ＳＰ）的試吃品
或是活動可能還有點辦法……
！
這樣的話，
我們可以
賦予新商品
一個好故事。
！
伊蒙！
把我們開發商品的心情，
連同與爺爺、奶奶一同慶祝生日的
派對圖片一併展現的話，
就會相當有趣喔。
如果能成功代替生日或
結婚典禮的蛋糕，
就有可能將口碑
宣傳至更遠的地方！

# 精選超好懂商業入門系列

★以漫畫模擬現場情況！

★用文字輔以圖表解說！

讓知識更貼近生活，菜鳥也能輕鬆上手!!

2017年3月 隆重推出

## 超好懂商業入門　市場行銷

故事舞台選在瀕臨倒閉的老字號饅頭店，看老店如何藉由行銷解決經營困境，並從谷底翻身。書中嚴選並統整市場行銷的相關知識，提供可應用於商務及私人生活的思維與關鍵。

---

（此為日文版書封）

### 超好懂商業入門
### 品質管理

用漫畫輕鬆了解品質管理的KNOW-HOW。故事主角是家中經營蠟燭工廠的明，某年暑假當她於自家工廠打工時，在瑞士留學生的指導下，一步步了解品質管理的竅門。

（預計5月出版）

（此為日文版書封）

### 超好懂商業入門
### 簡報

故事描述在頂級超市汐留屋的武藏野分店工作的藍子，突然被指派去參加由總店所舉辦的自有品牌企劃競賽。完全沒有在人前說話經驗的她，經過謎樣的大叔指點，漸漸抓到了簡報訣竅。

（預計4月出版）

（此為日文版書封）

### 超好懂商業入門
### 憤怒管理

任職地方信用銀行的詩織被任命為專案的負責人，但她卻對成員們不合作的態度大發脾氣，使得事情更窒礙難行。被旁人提點後並學到憤怒管理的她，能否帶領成員順利完成企劃呢？

（預計7月出版）

（此為日文版書封）

### 超好懂商業入門
### 生產管理

在文具公司生產線工作的聰美，被公司任命為生產管理的負責人。面對各種需要改善的缺失，又發生了因設備問題導致無法交貨的難關，任職才一年的她，是否能突破種種困境順利交貨呢？

（預計6月出版）

# 職場達人必備！超熱銷TOYOTA系列

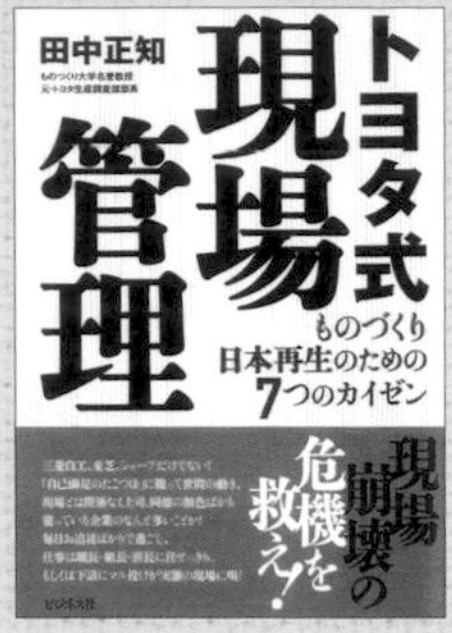


## 使日本重生的七個策略！

**TOYOTA式現場管理**（暫定）

田中正知／著

（此為日文版書封）

拯救現場崩壞危機！不只三菱汽車、東芝、夏普！現今不管時代潮流與現場情況，僅看著上司或同事的臉色工作，像這樣沉溺於自我滿足框架的企業愈來愈多。針對職場上「每天都只依照指示做事，工作都交由組長、主任等主管進行或者是全部外包」的情況給予當頭棒喝。（預計4月出版）

## TOYOTA長銷熱門書！

**用五個為什麼找出問題發生的真因 TOYOTA獨步業界的解決力**

OJT-solutions／著

有「思考力」，任何環境下都是常勝軍。TOYOTA獨步業界的最強方法「解決問題的八大步驟」大公開！本書將針對解決問題的這「八大步驟」進行詳細解說，一步步改善堆積如山的未解決事項。本書帶你掌握TOYOTA解決問題的角度與重點，並能應用於工廠、辦公室等各個實務層面。

## 提升獲利的成本祕笈！

**TOYOTA的成本**（暫定）

堀切俊雄／著

（此為日文版書封）

在TOYOTA內，所有員工都是留意著成本在做事，精確地提升工作品質，並使整體結構產生出附加價值。也因為這樣的結構，所以TOYOTA可說是：「在企劃產品的階段就已經決定了獲利。」本書從「TOYOTA對於成本的想法」到「成本企劃的手法」、「減低成本的過程」等，詳細說明TOYOTA的獲利祕技！（預計10月出版）

## TOP企業所施行的法則！

**TOYOTA的PDCA＋F**（暫定）

桑原晃彌／著

（此為日文版書封）

「F（Follow）」就是持續追蹤，不僅是過程及結果，連失敗都可以變成借鏡，這也是TOYOTA對於持續成長的堅持。「改善」、「問題解決」、「成本削減」、「5S」、「開發策略」、「人員管理」……都會因為增加了這個步驟，而產生劇烈的變化。連原本無法順利進行的都能向前邁進，使組織競爭力顯著的提升。（預計7月出版）

伊蒙……
……麻里萌、羅吉……我……
伊蒙，我們現在為了拓展新的客群，正在開發商品。你能助我們一臂之力嗎？
伊蒙之前運用人類情感的方法也必須要列入考量才行。
羅吉……
對吧，麻里萌。
你到底跑去哪裡了！
不是說好要幫我的嗎？還不趕快進來幫忙！

麻里萌……
但、但是，我……之前其實在對手那……
……我知道喔。
強者的模仿是你最喜歡的策略。我就猜到是如此。
在說什麼？
沒有…只是一點小事。
你只是做了你相信的事情，而且我也有不對的地方。我們兩人都還不夠成熟呢。
來吧，一起來做吧。市場行銷只用邏輯是不夠的。
沒錯喔。我們也需要你的力量。
別在意雞毛蒜皮的事情。
你瞧，伊蒙……

伊蒙和羅吉
兩個人
總算到齊了。

接下來就是
同心協力
開發新商品了。

## Price：價格策略

這樣啊……我了解情況了。4P之三是Price（價格）。
饅頭的價格要定多少？
價格嘛，讓小孩子也能買得起吧。一盒500圓吧。
500圓!?
這樣會低於製造成本，肯定會虧本。
的確，光食材就將近1000圓了。這個價格會虧本。
但是，和超市、便利商店的商品相比……
那是競爭導向的定價方式。妳打算和誰競爭？虧本的話，一切都只是空談。
但是，如果考慮製造成本、人事費用還要確保利益的話，單價就會超過2000圓喔。
那是成本導向的定價方式。

### ■定價的決定方式

| 決定方式 | 邏輯 | 考量方向 | 別名 |
|---|---|---|---|
| 成本導向型 | 供給方的邏輯（利於企業方） | 成本加上必要的利益 | ・成本加上價格<br>・目標利益確保價格 |
| 競爭導向型 | 市場的邏輯（競爭關係） | 考量與競爭商品的品質差異，調整適當的價格 | 競爭的市場價格 |
| 需求導向型 | 需求方的邏輯（利於生活者） | 根據事前調查得知什麼樣的價格會產生需求來決定價位 | 買方價值對應價格 |

麻里萌！妳要想清楚！
妳的父母是為了什麼一路守護老字號的招牌和這間店鋪的？

靠店鋪的品牌，是可以定出比超市及便利商店更高的價格。
人們會因為場所營造出來的氣氛，而覺得價格很合理喔。

沒錯，這樣的現象稱為「場所心理」，好好地記住吧。

**場所心理** 便利商店與營造高級感的品牌直營店就算陳列相同的商品，人們也會認為便利商店內的商品比較廉價，品牌直營店的商品比較高檔。

**價格決定品牌價值** 價格愈高，就會認為品牌的價值也愈高。

這項新商品是為了吸引新客群光臨，並成為中長期愛好者，若不考慮利益，只要能平衡製造成本和人事經費的話，雖然比便利商店貴，但就定１５００圓吧。
就決定用這個價格吧！

## Place：流通策略

4P的最後一項是Place（流通策略）。
用來決定要經由什麼樣的通路，將商品交到客人手上。
不管怎麼說，當然是以自家店鋪作為販售的中心嘛。
而且，這邊有幾家伴手禮店會陳列我們的商品。有時候百貨公司特產展也會有我們家的商品。
雖然那也很重要，但新商品是要賣給和以往不同的客人，必須要開發新的通路喔。
沒錯。
對了，前陣子來的那對兄妹的奶奶打電話來訂購饅頭，說是想要跟鄰居一起分享。
就是那個。
我們也要努力拉攏這樣的客人。

這樣的話，我們可以改成接受通信訂購。
針對高齡族群的話先使用電話和傳真的方式吧。
這樣是不夠的。
也要考慮到年輕人比較喜歡網路購物。
都放上網路了，除了單純的訂購下單功能之外，也架設網路商店吧。
好主意，伊蒙！

用網路商店也屬於一種店面的想法的話，就需要有負責管理的店長。
想要在網路銷售的話，就必須活用社群平台、口碑、排行榜等情報才行。
這是前面學到的觀念!!
沒錯，我們得活用群眾的情感（emotion），討論如何煽動情感，讓客人感到滿足。

沒錯……
我們是缺一不可的存在，
情感和邏輯……必須結合起來思考才行。
！你、你們的身體…在發光！
※閃閃發亮
…！

什……!
什麼…!? 發生什麼事了!?

01

# 什麼是市場行銷4P？

羅吉提到的4P，是開發商品時必須檢討的四大要素，又稱為**行銷組合（Marketing Mix）**。

**4P是取Product（商品）、Price（價格）、Place（流通）、Promotion（促銷）四個單字的字首簡稱。**提倡的學者是麥卡錫（McCarthy），因而又稱為「麥卡錫的4P」。4P理論詳細敘述了商品的構成要素，以及企業對生活者行銷時應注意的要點。企業可透過這四項要素的組合，針對生活者進行商品開發。

雖說從4P的各個要素做出適當的選擇很重要，但同時也要保有選擇之間的整合性。以低價的消耗品來說，除了計劃在全國皆設有分店的超市等店面擺放商品外，也需要考量電視廣告等適合媒體行銷的促銷策略。另一方面，品牌商品則需遴選高級店鋪，設定較高的價位來維持其品牌形象。如同上述，我們必須思考如何相互加乘各個要素，提高4P產生的效益。

## 麥卡錫的4P

| | |
|---|---|
| **商品策略**<br>**Product**<br>品質、產品種類、設計、特色、品牌名稱、包裝、尺寸、服務、保證、退貨 | **價格策略**<br>**Price**<br>期望價格、降價或折扣、優惠條件、支付期限、履約保證金 |
| **流通策略**<br>**Place**<br>通路、運送、庫存、流通範圍、經商選址、商品種類 | **促銷策略**<br>**Promotion**<br>溝通組合：販售促銷（SP）、廣告(AD)、公共關係（PR）、推銷能力、直接行銷、網路行銷 |

相對於賣方的觀點4P，買方的觀點則是4C的思維喔。
商品改為Customer Value（顧客價值）、
價格改為Cost（成本）、
流通改為Convenience（便利）、
促銷改為Communication（溝通），
4C是改從消費者的視角出發的概念。

# 02 Product① 商品差異化的重點

４Ｐ的第一個要素是**Product**，商品策略。漫畫中羅吉提到的是，在開發商品或服務上，應該要知道的商品差異化的三大重點。

**技術創新**是藉由使用新的素材來製作商品或加入過去沒有的設計或機能，以建立商品的差異化。

**優化品牌形象**是在名稱、包裝等地方下工夫，巧妙地搭配宣傳及公關，以提升客人感受到的品牌價值，並留下特定印象。

然後，**加強服務**是藉由保證、提供商品相關資訊、售後服務等，提供商品的周邊服務，企求差異化。

麻里萌他們為了開發新的饅頭商品，反覆嘗試加入各種具特色的材料，接著從中決定留下哪幾種口味，並將饅頭迷你化來混搭銷售，再利用蛋糕盒搭配上溫馨的圖片，選擇在技術創新及優化品牌形象兩方面下工夫。若成功塑造與現有商品的差異，凸顯與其他公司所販售商品的不同，則能夠吸引既有商品未能拉攏的客群，也可能吸引傳播媒體前來採訪。4P要素之一的「商品」還有許多面向可以努力，每一項累積都是重要的環節。

現今，製造技術發達、網路上交織各種資訊，短時間就會出現類似的商品。為了凸顯與其他公司的不同，差異化的建立是企業的永久課題。

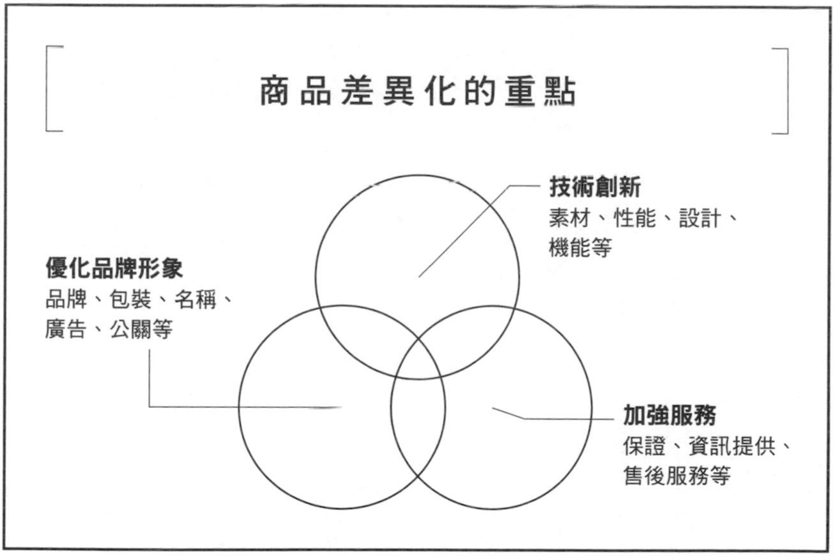
商品差異化的重點
技術創新
素材、性能、設計、機能等
優化品牌形象
品牌、包裝、名稱、廣告、公關等
加強服務
保證、資訊提供、售後服務等

## 03

# Product② 品牌是什麼？

**品牌**是建立商品差異化的關鍵，但或許日常生活中太常接觸品牌這個詞，反而不一定清楚其確切的內容。這邊來詳細討論吧。

在Ｐａｒｔ４漫畫的開頭，老顧客詢問麻里萌：「最近，妳們家是不是也把商品批發到超市跟便利商店啊？」對那位老顧客來說，玉屋的招牌饅頭宛如一種品牌，看到相似的商品，自然就認為那是玉屋的饅頭。如同上述，生活者知道品牌名稱及商標的現象，稱為**品牌認知**。然後，由品牌聯想到相關內容，稱為**品牌聯想**。當這樣的**品牌認知與品牌聯想，成為一定人數的共通知識的情況，就形成了品牌**。品牌的成立則代表光看到品牌名稱、商標，便能推知是哪間店、提供什麼樣的商品與服務，也能夠想像其品質或價格範圍等資訊。然後，有多少人知道該品牌，就代表該品牌的規模；而一般多數人對品牌的印象，則表示該品牌的形象。

## 品牌是什麼？

生活者記憶中累積的品牌**知識**。

**品牌認知**
知道品牌名稱、商標

・日式點心的「玉屋」嘛！

**品牌聯想**
由品牌聯想到的內容

・鞠樣饅頭！
・老字號招牌
・內餡很好吃

04

# Product③品牌的構成要素

要營造出品牌認知及聯想包含各種要素。

**品牌名稱**，即商品的名稱，簡潔地表現出商品的概念，用以認知、聯想商品。**商標標誌**，是將公司名稱、服務內容視覺化，使其容易與其他商品進行辨識。**人物角色**，是將人物等視覺化，用以營造正面的品牌形象。

除此之外，可傳達與品牌相關的記述，與具說服力資訊的**標語口號**；藉由音樂帶出品牌訊息的**宣傳歌曲**；透過容器、包裝材質預防商品破損，同時也帶有廣告宣傳作用的**包裝設計**等，都是重要的要素。

為了讓新商品形成一種品牌，麻里萌他們需要深入檢討每一項品牌的構成要素。符合商品內容且容易留下印象的商品名稱、外包裝上的文字及插圖等等，必須在各項要素間取得良好的平衡。

## 品牌的構成要素

| | 構成要素 | 概要 |
|---|---|---|
| ① | **品牌名稱（商品名）** | 簡潔地表現出商品的概念。需注意帶有親切感、確實傳達意思、唸起來順口等重點。 |
| ② | **商標標誌（商標、象徵標誌）** | 將公司名稱、服務內容視覺化，使其容易與其他商品進行辨識。具有品質保證、生產履歷透明化、廣告宣傳等效果。文字設計屬於「商標」、形象設計屬於「象徵標誌」，兩者合稱為「商標標誌」。 |
| ③ | **人物角色** | 將人物等視覺化，用於要營造正面品牌形象的情況。 |
| ④ | **標語口號** | 可傳達與品牌相關的記述，與具說服力資訊的簡潔語句。例如，百保能感冒藥的「快速有效的百保能」等。 |
| ⑤ | **宣傳歌曲** | 藉由音樂帶出品牌的訊息，並結合樂曲與聲音。具有提升品牌認知的效果。 |
| ⑥ | **包裝設計** | 商品的容器或包裝的設計及製作，除了可預防商品破損之外，也具有方便搬運及保管、利於店面廣告宣傳等作用。 |

## 05

# Product④商品的壽命——「商品生命週期」

商品也有從誕生（導入）到衰退的一生。這個概念稱為**商品生命週期**。

商品生命週期的圖形，是以經過的時間為橫軸、以營收或者利益等金額為縱軸。在橫軸上，時間的流向是從左往右移動。橫軸的最左端為產品開發的時間點，接著往右依序進入商品的導入、成長、成熟、衰退，宛如人的一生中在各時期會出現的特徵。

接著，我們來逐項討論各時期的特徵吧。

首先，一開始是**導入期**。這個階段是以創造新的客人為中心，營收低、幾乎沒有利益。

接著，在**成長期**，雖然競爭對手增加，但市場本身跟著擴大，營收、利益皆有所提升。

當營收迎向高峰，進入**成熟期**之後，業界內競爭愈演愈烈，價格競爭頻傳，所得利益開始降低。

不久進入**衰退期**，營收與利益皆大幅下降。

**隨時掌握商品在生命週期的位置，才能適時擬定必要的銷售策略及抓住未來趨勢進行改良。**

以玉屋的例子來說，招牌商品的生命週期相當長。就當前客人減少的情況來看，可判定商品已過成熟期。在這樣的情況下，想要繼續維持招牌商品的地位，需要順應大時代的變動，在食材的組合與口味上進行精妙的調整。在不失招牌商品的形象、且多數消費者不易察覺的程度下，順應需求進行改變。

同理，麻里萌她們開發的新商品，

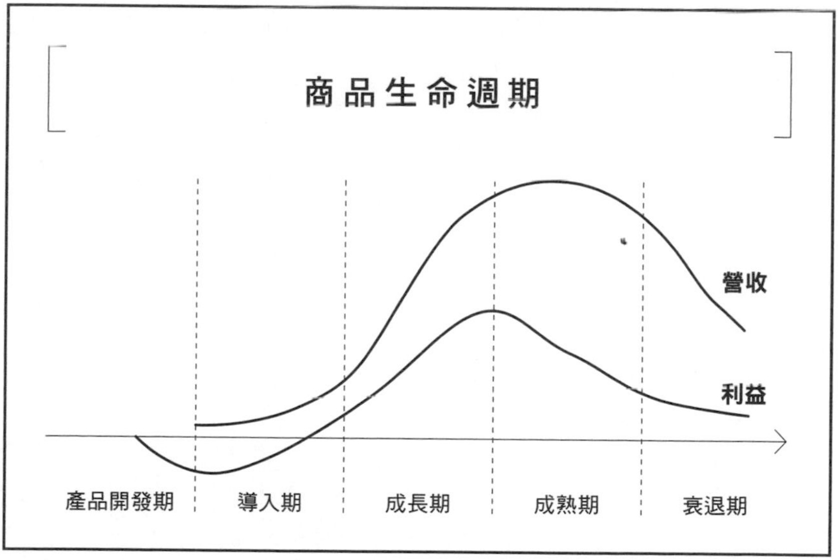

商品生命週期
營收
利益
產品開發期
導入期
成長期
成熟期
衰退期

之後可以加入季節限定口味的饅頭，或者每隔一段時間便開發數種新口味替換等等，透過這方面的努力，就可以延續商品的生命週期。

實際上，大型速食店、點心廠商等重複性質高的業界，幾乎都需要這樣不斷努力，才能持續熱銷商品。

了解商品生命週期之後，便能掌握開發商品的必要性及時間點，做出適當地對應。

## 商品生命週期的特徵

| | 導入期 | 成長期 | 成熟期 | 衰退期 |
|---|---|---|---|---|
| **●特徵** | | | | |
| **營收** | 低 | 快速增長 | 緩慢增長 | 降低 |
| **利益** | 幾乎沒有<br>或者虧損 | 達到高峰 | 從高點<br>緩慢降低 | 低 |
| **主要顧客** | ·創新者<br>·早期採行者 | ·早期參與者<br>·晚期採行者 | ·晚期採行者 | ·晚期採行者 |
| **競爭企業** | 幾乎沒有 | 增加 | 多數 | 減少 |
| **●應採取的策略** | | | | |
| **策略焦點** | 擴大市場 | 滲透市場 | 維持市占率 | 提高生產效率 |
| **流通通路** | 不完善 | 擴大、完善 | 重點選擇 | 遴選、限定 |
| **促銷重點** | 提升認知度 | 確保品牌形象 | 維持專利<br>權利金 | 增加選擇性 |
| **價格** | 高 | 稍低 | 最低 | 升高 |

## 06

# Promotion①拉式策略與推式策略

4P的要素之一Promotion，可稱為銷售策略或者促銷策略，範圍涵蓋廣告宣傳、公共關係、口碑建立等。

**拉攏客人光臨店鋪的做法，稱為拉式策略。**透過電視、報紙或雜誌的廣告等，積極傳達商品的魅力，使人們對商品產生興趣後，親自前往購買。若是有許多客人想購買的商品，零售店面也會積極向廠商訂貨，以增加該商品的庫存。

另一方面，**積極向客人推銷商品的做法，稱為推式策略。**廠商可派遣銷售支援人員前往零售店面，提供陳列商品所需的器具、宣傳用的POP（銷售場所廣告）、宣傳冊或試用品等。有了廠商的強力支援，零售業者也比較容易販售，並會願意積極推銷，將商品擺設於店裡最顯眼的位置，積極向顧客宣傳。

另外，現今大部分的情況都是將拉式策略與推式策略兩者結合。

## 拉式策略與推式策略

### ●拉式策略

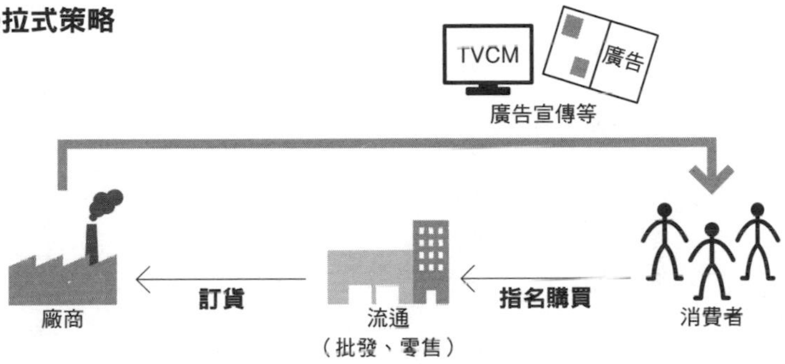


### ●推式策略

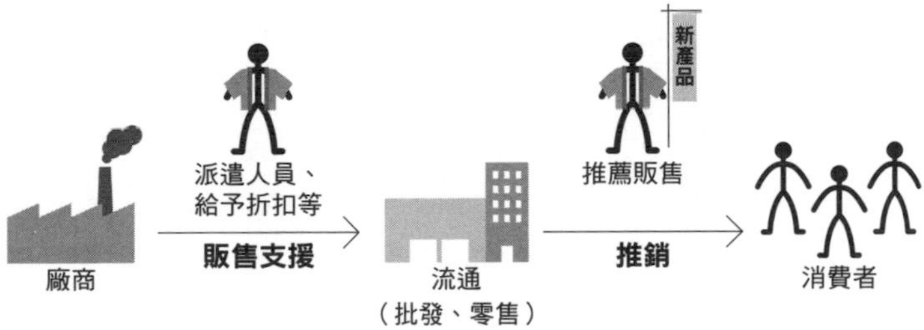

## 07

# Promotion② 各種溝通管道

傳達商品情報的方法，從電視、報紙、戶外廣告、傳單、共同主辦活動到資訊節目的商品提供等有各種做法。像這樣組合情報的傳達要素，稱為**溝通組合（促銷組合）**，由192頁說明的拉式、推式策略所構成。

拉式的公共關係（PR），主要以報章雜誌等的記事報導為中心。廣告（AD）則是支付刊載費用，刊登於報章雜誌、印製傳單等。販售促銷（SP）則是發送試用品、主辦活動等，與生活者直接面對面接觸。

另一方面，推式販售促銷（SP）近似拉式策略的方法。透過引人注目的華麗陳列、POP廣告等直接方式，讓來店的客人產生「要不就直接在這裡買？」的想法。

然後，人員販售則是透過推銷員、販售員等來實施。

# 溝通組合

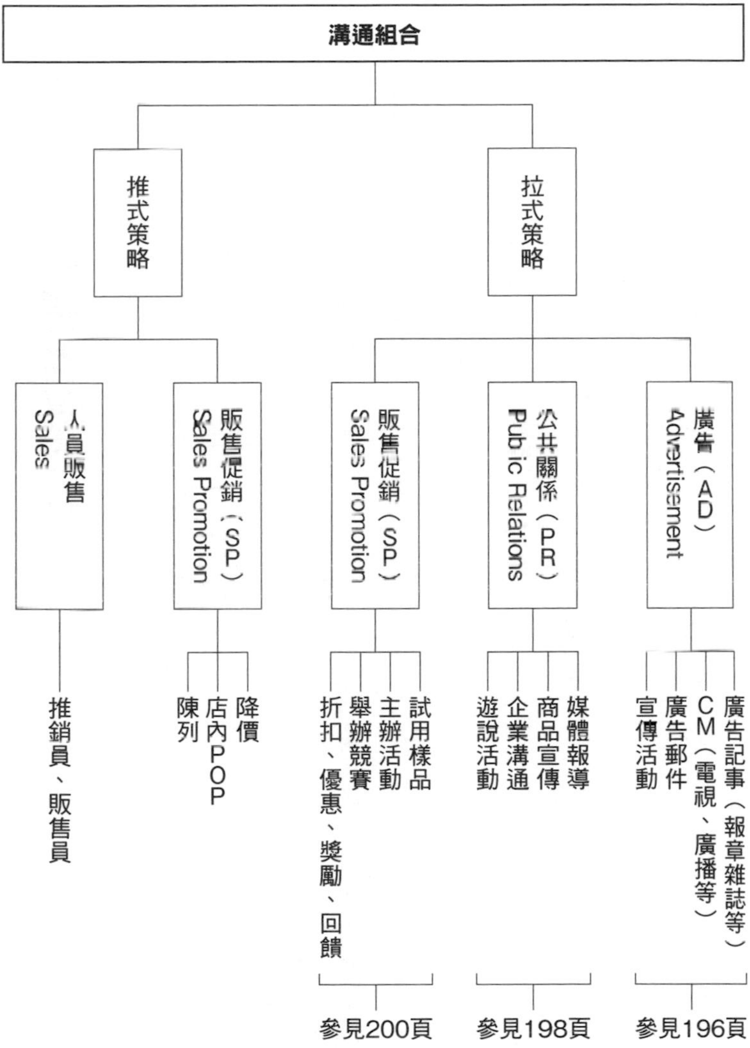
溝通組合
推式策略
拉式策略
人員販售
Sales
販售促銷（SP）
Sales Promotion
販售促銷（SP）
Sales Promotion
公共關係（PR）
Public Relations
廣告（AD）
Advertisement
推銷員、販售員
降價
店內POP
陳列
試用樣品
主辦活動
舉辦競賽
折扣、優惠、獎勵、回饋
媒體報導
商品宣傳
企業溝通
遊說活動
廣告記事（報章雜誌等）
CM（電視、廣播等）
廣告郵件
宣傳活動
參見200頁
參見198頁
參見196頁

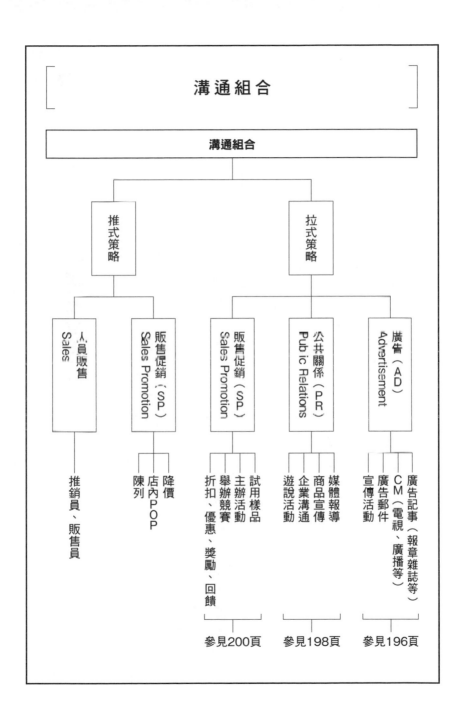

# 08

## Promotion③ 各種廣告的特徵

廣告順應時代的變化，不斷推陳出新。過去，廣告主要是以電視、廣播、報紙、雜誌等四大傳播媒體為中心。

電視雖然能重複播放、視聽者又多，且可以有效率地讓人完全了解商品資訊，但相對地成本花費較高。廣播方面，雖然比較便宜，但是收聽者有限。報紙方面，專門報紙可鎖定目標市場進行宣傳，特色是容易產生信賴性。雜誌方面，專門雜誌可限定非常細瑣的目標市場，大幅壓低成本。

另外，網路廣告方面，則不斷產生新型態的廣告，像是：可顯示出與搜尋關鍵字及瀏覽紀錄相關的廣告、於個人部落格介紹商品的成果保證型廣告ＳＮＳ等。現在已經成為繼電視之後，占據最大營收的廣告方式。

然後，容易讓人聯想到看板的戶外廣告，最近也擴展到張貼於公車、電車的車身，就連車站的地板、剪票口等也可用來投放廣告。

# 各種廣告媒體的特徵

| | 四大傳播媒體 | | | | 網際網路 | 戶外廣告 |
|---|---|---|---|---|---|---|
| | 電視 | 廣播 | 報紙 | 雜誌 | | |
| 接觸時間 | 短 | 短 | 根據興趣 | 根據興趣 | 根據興趣 | 短 |
| 說明力 | 低 | 低 | 高 | 高 | 高 | 非常低 |
| 反覆性 | 反覆性愈高<br>成本愈高 | 反覆性愈高<br>成本愈高 | 低 | 低 | 反覆性愈高<br>成本愈高 | 僅特定地區<br>較高 |
| 地區 | 無法細分 | 無法細分 | 能夠限定 | 難以限定 | 基本上是<br>全球性 | 限定 |
| 區隔客群 | 依賴時間帶 | 依賴時間帶 | 專門報紙<br>可詳細鎖定 | 可詳細鎖定 | 分析<br>關鍵字等 | 視場所而定 |
| 特徵 | 留下<br>深刻印象 | 較為便宜 | 具信賴性 | 針對<br>特定客群 | 雙向性 | 低成本 |

## 09

# Promotion④公共關係（PR）的效果

公共關係與廣告、販售促銷並列為溝通組合的重要構成要素之一。

公關是藉由向傳播媒體提供自家公司、商品等的資訊，以新聞報導的方式來宣傳。媒體以第三者的角度報導出的新聞，能增加資訊的社會性與客觀性，更容易擴大營收。然而，與廣告不同的是，公關具有無法控制資訊內容的缺點。

新聞發布是將新商品或服務的資訊，以傳真等方式透露給各種報導機關，因不受限於企業規模而被廣泛使用。另外，企業也可透過召開記者會、個別採訪的問答等提供資訊，針對具有社會性價值、話題性的事物開發服務，吸引媒體報導成新聞。

漫畫中伊蒙所提的建議是，說個好故事、使用圖片來聚集媒體的關注。若能順利帶出商品的特徵，幾乎能不花一毛錢就聚集到客人。

## 廣告和公關的不同

| | 廣告 | 公關 |
| --- | --- | --- |
| 消費者的信賴 | 容易給人「為了宣傳，只說好話」等印象。 | 容易給人「報導機關的客觀情報」等認知。 |
| 情報內容 | 以商品資訊為主。 | 涵蓋人事、經營等各方面的情報。 |
| 情報傳達的確實性 | 能夠控制。<br>只要購買刊載版面就能確實傳達。 | 不能控制。<br>內容到刊載與否全都交由媒體判斷。 |
| 刊載版面 | 廣告版面。 | 記事、情報版面。 |
| 曝光度 | 僅原稿內容。 | 根據內容，多元化展開。 |
| 成本 | 需要高額費用。<br>製作費、廣告費用等。 | 順利的話會相當便宜。<br>僅需要人事費、通信費等。 |
| 策略性的角色 | 提示答案。 | 提示問題。 |

# 10

## Promotion⑤各種販售促銷方式

販售促銷又可以稱為ＳＰ或者Sale Promotion，涵蓋了街頭發送試用品、舉辦活動、門市降價等，直接接觸生活者的行為。相較於間接傳達商品的存在及優點的廣告與公關，販售促銷是直接影響購買的行為。

活動是透過音樂會、畫展等文化活動，或者贊助棒球、足球等運動項目，以提升企業形象。

競賽是透過募集使用特定食材的料理，進行人氣投票，提高生活者對商品的關心程度。

再來，降價、獎勵、回饋等都是讓顧客感到划算，增進營收的方法。

如同上述，重要的是將各種販售促銷與廣告、公關做適當的結合，建立具有效果的溝通組合。

## 主要的販售促銷策略（依型態分類）

| | 型態 | | 概要 |
|---|---|---|---|
| ① | 活動 | 文化、運動活動 | 透過與文化、運動相關的活動提升形象。 |
| | | 促銷活動 | 透過特產展、展銷會等促進販售。 |
| | | 複合型活動 | 文化、運動活動與促銷同時實施。 |
| ② | 競賽 | 創意競賽 | 募集商品使用方法等創意。 |
| | | 作文募集 | 募集特定主題的作文、論文。 |
| | | 人氣投票 | 排名商品，服務的好感度或者優勢的人氣投票。 |
| ③ | 降價、優惠 | 優惠券 | 特定商品、服務的折價券或者優惠券，包含網路優惠券、商品禮券等。 |
| | | 抵用券 | 交換特定商品、服務的抵用券等。 |
| ④ | 獎勵（附贈、集點兌換） | 集點兌換的獎品 | 除了單純的兌換獎品之外，還有收集商品貼紙等，掛號寄回兌換的獎品。 |
| | | 附贈的獎品 | 有內附、買就送、同捆、增量的形式。 |
| ⑤ | 回饋 | 返現回饋 | 購買商品時，收集貼紙、現金積點等，累積點數折扣，於下次消費折抵現金的服務。 |
| | | 紅利積點 | 收集商品貼紙等作為紅利，累積一定點數兌換商品的服務。 |

## 11

# Price① 決定價格的三個方法

雖然回到麻里萌家的伊蒙和大家一同討論，但價格的決定其實並不容易。從麻里萌說的與其他企業並列的價格設定，到考量成本的販售設定，這是負責人的一大難題。具有代表性的價格設定方法有下述三種。

**成本導向型**是將製造所花費的金額，加上適當的利益作為販售價格。這方法常見於商品不足、賣方有絕對優勢的時代，但後來競爭對手的加入，現今只有特殊業界才採取這樣的方式定價。

隨著技術、販售網的發達，商品差異不大的現代多採用**競爭導向型**。以競爭企業同等商品的價格為基準來定價。蒐集調查相似商品的價位，從中決定不會偏差太遠的價格。這是最為簡單、不容易失敗的定價方式。

**需求導向型**是根據需求方的反應來設定價格。以全新的商品為例，企業可以進行事前調查，預測什麼樣的價位會產生多少需求，再決定價格。

## 決定價格的方式

| 決定方式 | 邏輯 | 考量方向 | 別名 |
|---|---|---|---|
| **成本導向型** | 供給方的邏輯（企業方為主） | 成本加上必要的利益 | ·成本加成價格<br>·目標利益確保價格 |
| **競爭導向型** | 市場的邏輯（競爭關係） | 考量與競爭商品間的品質差異，調整適當的價格 | 競爭的市場價格 |
| **需求導向型** | 需求方的邏輯（生活者為主） | 什麼樣的價格會產生需求，據事前調查決定價位 | 買方的價值對應價格 |

## 12

# Price② 由需求決定價格

ＰＳＭ分析是需求導向定價法之一。此方法透過問卷提出四個問題。統整結果並製成累計圖表，檢討什麼樣的價格最為適當。這是考量商品的特性，再根據統計結果來決定價格。

另外，圖表縱軸的回答總人數為１００％，橫軸則為愈往左邊價格愈高。根據各提問的回答金額繪製累計圖表，圖中會產生四個交點。

這四交點分別為，高級品等擁有最高收益的「最高價格」；欲增加販售數量，適合普及的「最低品質保證價格」；多數人認為「這樣的價格還可以接受」的「妥協價格」；以及確保某種程度的利益、販售數量也可觀的「理想價格」。

# PSM分析

## ●PSM分析的四個提問

**問題1**
「您認為這項商品什麼樣的價格算『昂貴』？」

**問題2**
「您認為這項商品什麼樣的價格算『便宜』？」

**問題3**
「您認為這項商品什麼樣的價格算『太昂貴以至於不購買』？」

**問題4**
「您認為這項商品什麼樣的價格算『太便宜以至於懷疑品質有問題』？」

## ●PSM分析的結果

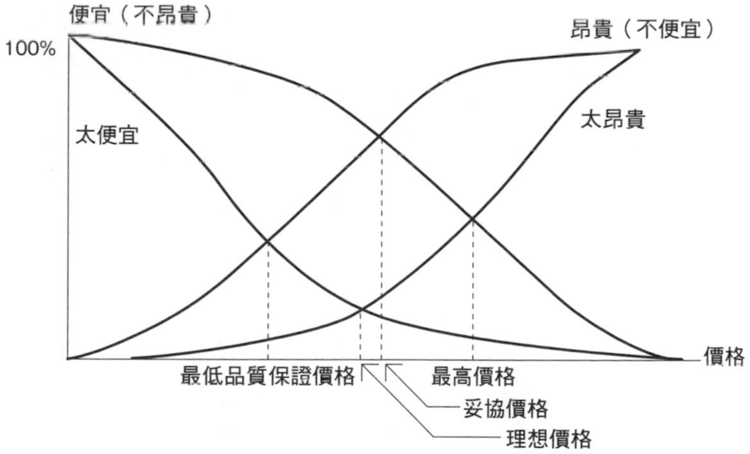

# 13

## Price③價格設定與消費者的價格心理

商品的價值，除了商品本身擁有的功能、性能之外，還牽涉各式各樣的要素，像是商品的形象、購買場所的氣氛等。我們在購買商品的時候，會下意識地綜合判斷這些要素。

比如羅吉在前面說明的**「場所心理」**，是指生活者根據場所的狀況、形象，抑制或者增長自身行動的心理。在便利商店，除了一部分例外的商品之外，不會陳列超過1000圓的商品。因為前往便利商店購物的客人，不會想要購買高價商品。相反地，百貨公司會陳列1萬圓以上的商品。正因為是在百貨公司，許多人對高額購買不會有排斥感。**不同的場所，人們願意支付的金額也會不同。**

如同上述，人類的心理很微妙，稍微在價格設定上花點巧思，便能打動客人的心。過去曾出現各種不同的巧妙的價格設定，下一頁將具有代表性的構想做了整理。

## 針對價格設定與價格的心理

| | 概要 |
|---|---|
| 場所心理 | 因場所的狀況、形象，願意支付的金額會有所不同。 |
| 品牌價值 | 附上品牌的名稱、標誌，即便是同等品質的商品，也願意花高額購買。 |
| 聲望價格 | 寶石、美術品、高級名牌等，展現持有人社會地位的商品，高價格能給予高品質的形象。 |
| 尾數價格 | 像是97圓、980圓等，因數字好看，又稍微降價，會產生較為便宜的印象。 |
| 整數價格 | 像是百元商店等，設定完整的數字，方便消費者計算總額，能夠安心選購商品。 |
| 加購提案 | 對購買高價品的客人提供周邊商品，因為是順便購買，客人會覺得比較便宜。 |
| 心理錢包 | 一般人對奢侈品和日常用品的花費分別有不同的口袋，有著不吝借錢購買奢侈品，卻斤斤計較日常用品的心理。 |

# 14

# Place① 檢討商品的流通方法

**4P之一的「Place」可稱為通路策略或者流通策略，涵蓋使商品流通到店鋪等販售給生活者的方式。**

以高級名牌為例，就人人都需要用的生活必需品或特定興趣的商品來說，商品的種類、特性不同，商品的販售地點、銷售地點也會有所不同。因此，決定以什麼樣的通路，向什麼樣的目標客群提供商品，流通策略顯得相當重要。

作為販售通路的流通管道有各種的模式。漫畫中，麻里萌他們提到的電話、傳真、網路等通信販賣，屬於「直接式」流通，是透過運輸業者將商品直接交給消費者。

另一方面，「間接式」流通是在實際存在的零售店面，透過店員販售的一般銷售方式。此流通分兩種，例如在Ｐａｒｔ４登場的對手企業木座點心廠的做法，他們在各大超市、便利超商販售，乃「開放式」流通；至於像批發給當地土產店的玉屋，僅在少數零售店面販售的方式則為「閉鎖式」流通。

# 各種流通管道類型

**●流通管道的類型**

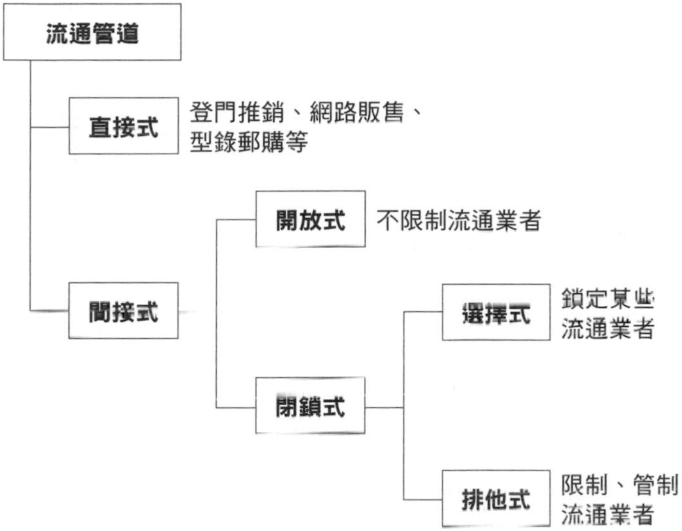
流通管道
直接式
登門推銷、網路販售、
型錄郵購等
間接式
開放式
不限制流通業者
閉鎖式
選擇式
鎖定某些
流通業者
排他式
限制、管制
流通業者

**●開放式流通**

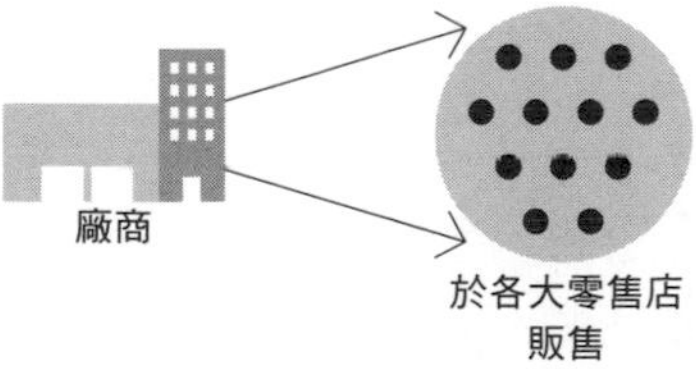
廠商
於各大零售店
販售

**●閉鎖式**（選擇式、排他式）**流通**

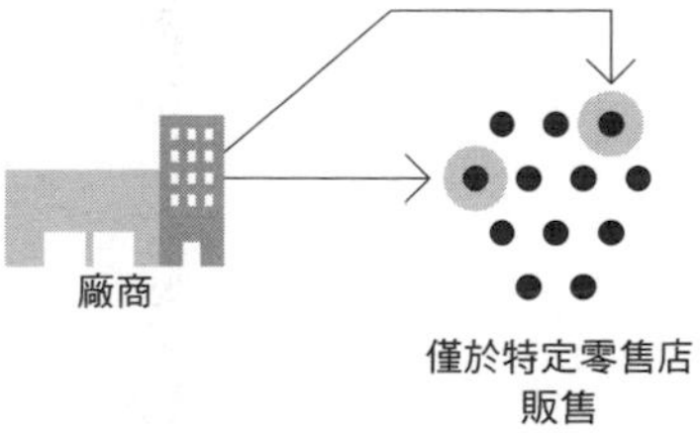
廠商
僅於特定零售店
販售

# 15

## Place②掌握商圈的特性

零售店、商業聚集於生活者可能來店的地理範圍，稱為商圈。商圈意即能夠招攬客人的可能範圍，簡單說是以零售店為中心、半徑○ｋｍ的圓形範圍。欲進一步掌握確切的範圍大小，可利用道路距離、移動時間距離推估。

不論對新開設店面還是舊有店鋪，**都需要了解自家店鋪持有商圈的特性。掌握商圈的特性，能夠招引商圈內潛在顧客來店消費**。商圈人口、住民特性、風俗文化、消費動向等等，藉由了解這些事情，能夠知道商圈內有多少居民、想要什麼樣的商品，以及什麼樣的商品他們會願意購買等。

另外，一般來說，同一商圈存在複數店家相互競爭，企業也必須了解競爭店家的狀況。親自前往競爭店家，觀察與自家店鋪的不同，以檢討如何招攬更多的客人。

## 商圈的相關重點

| | 概要 |
|---|---|
| **商圈人口** | 掌握商圈所持潛在力的指標。透過性別、年齡、家庭數等人口統計變數來了解。 |
| **居民特性** | 透過職業構成、有無自用車、住屋類型、家庭結構、所得水準等，了解居民的生活型態、意識。 |
| **風俗文化** | 透過城鎮的歷史、文化、氣候、生活習慣等，了解居民的生活樣貌。 |
| **消費動向** | 根據消費項目支出等的具體統計調查結果，了解居民的消費傾向。 |
| **店鋪周遭的交通狀況** | 掌握店鋪周遭的交通狀況，排除指示牌不明顯等阻力因素、檢討設置停車場的必要。 |
| **競爭店家的狀況** | 走訪競爭店家，實際調查商品範疇、來店人數、購買率、暢銷品、價格分布、陳列方式、賣場面積等。 |

16

# Place③ 批發的各種機能

批發業者從各大廠商收取商品，再將商品批發給各大零售店。透過批發業者，廠商能夠出貨商品到複數零售店；零售店也可以進貨各大廠商的商品。

最近，為了削減流通成本，廠商直接與零售店交涉的傾向增加，而批發業者則強化各種機能與之抗衡。

向廠商提供暢銷商品的資訊；向零售店提供新商品資訊、商品特徵、促銷相關資訊，這屬於資訊傳達機能。這是與四面八方交流的批發業者才能做到的機能。所謂的物流機能是管理倉儲空間不足的廠商庫存，依需求運往店鋪的機能。對難與大型零售店直接交涉的中小型廠商，則需要調節供應機能。

然後，資金的風險承擔機能是指穩定從商品販售到實收現金，緩衝廠商與零售店之間的融資問題。

# 批發的角色與功能

## ●批發業者的角色

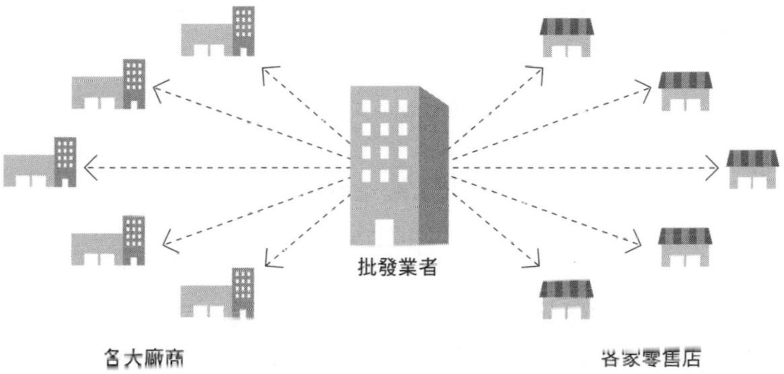


## ●批發業的機能

| | 機能 | 概要 |
|---|---|---|
| ① | **資訊傳達機能** | 對廠商的產品開發、零售店的促銷，提供有用的資訊。 |
| ② | **物流機能** | 管理倉儲不足的廠商庫存，依需求運往店鋪。 |
| ③ | **調節供應機能** | 零售業者遴選交易對象，從單一批發業者進各式商品。 |
| ④ | **資金的風險承擔機能** | 穩定廠商與零售店的融資問題。 |

Column3

# 當前產品策略的整理與對策

產品組合管理（PPM：Product Protfolio Management）的矩陣，是由作為商品生命週期指標的「市場成長率」，和作為增量生產、降低成本經驗曲線效果指標的「相對市場占有率」所構成。

這是在矩陣中填入自家事業、產品事項，用以檢討下一步應採取何種措施的工具。

PPM矩陣分為「問題」、「明星」、「金牛」、「敗犬」等事業。企業欲獲得最高收益，就要大量生產位於金牛位置的產品，再將所得到的經營資源，投入位於問題位置的事業、產品，以期創造新收益來源，致力於整體企業的中長期成長。

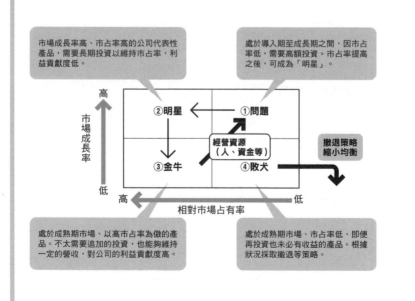

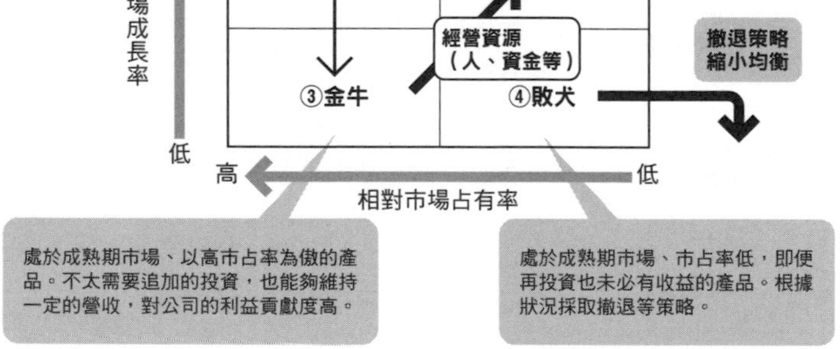

# Part 7

# 與客人建立長期關係

我們本來就是一體的……市場行銷上必要的邏輯和情感的化身……
※光芒四射
然後現在……因為能將兩種視點合併思考所以又能合為一體了……
兩人最後的訊息
Story 7

麻里萌……我們的任務好像完成了。
咦……!?
妳一直都很努力呢……
托妳的福，我們才能合為一體。差不多要返回天界了……
這是……什麼話？再幫我一下吧！
沒問題的……就像我倆合為一體般，麻里萌心中應該也產生了市場行銷的兩種視點。妳不會再犯以前那樣的錯誤了……
然後，這是我們最後的指導……

一般來説，為了維持高滿意度，顧客會持續選擇使用相同的商品、服務。
如果一直感到十分滿意的話，就不會想換用其他商品、服務。
若顧客持續感到滿意，從單一顧客所累積的營收就會隨著時間不斷增加。
重要的是，提高對方的滿意度……藉由達成顧客的中長期的滿意度以使終身價值最大化就是市場行銷的重要課題。
提高顧客滿意度……
大家一同思考新商品的時間……真的很……快樂……

等……！
等一下！

御菓子
たまや
伊蒙……？
羅吉……？

伊蒙——！
羅吉——！

數個月之後……
這個是現在在北海道蔚為話題的饅頭喔！
今天要介紹的是當下最夯的新商品！
……玉井，
…！
妳做得很棒。這份企劃……可以採用。
非常感謝部長!!

恭喜妳～！
妳的企劃通過了！太厲害了!!
到底是發生什麼事？
麻里萌從老家回來後，整個人都變了。
咦？嗯……
接下來，我們來採訪一下店裡的人吧。
那兩個不可思議的孩子消失之後，我們開發的新商品逐漸大受歡迎。

大家不僅可以由新商品享受饅頭的滋味，從過去一直支持「鞠檬饅頭」的客人也能繼續光顧，我感到很欣慰。
原來如此……請問貴店追求的目標是什麼呢？
客人能開心享用饅頭，就是我們最大的滿足。
接下來，我們會順應時代，繼續捏出一樣美味的饅頭。
這不是麻里萌老家開的店嗎？從剛才電視就一直在播喔！好厲害耶！
老爸真是的……
奇妙的是，只有我記得那兩個孩子。

今天我們去喝一杯，慶祝麻里萌回來吧！
等等…還差一點點！
啊……但是，麻里萌不是和男朋友有約嗎？
不是說想要跟妳復合嗎？
麻里萌，那個……
我想要和妳重新開始。
哎——!!
妳沒有接受!?
4F

因為他雖然是個帥哥，
但仔細想想，之前被那樣嫌多管閒事，現在又想復合，以中長期來看，這樣應該走不久。
以中長期來看……妳、妳……真的變了。
沒有啊……只是別人教我的。
別人教妳的？
是誰啊？
白色與黑色的天使……
嗯…什麼？
沒有，沒什麼。

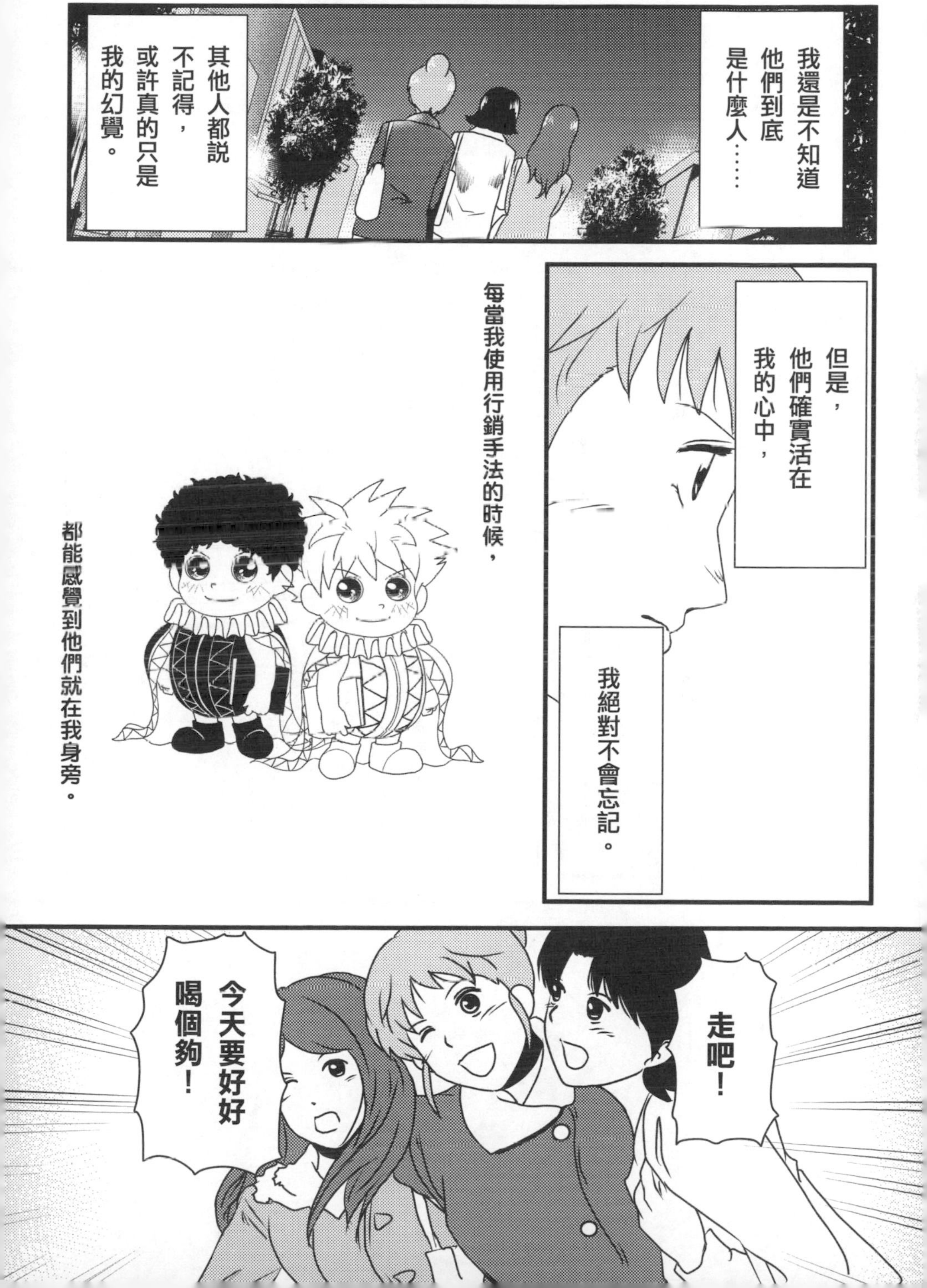
我還是不知道他們到底是什麼人……
其他人都說不記得，或許真的只是我的幻覺。
但是，他們確實活在我的心中，
我絕對不會忘記。
每當我使用行銷手法的時候，
都能感覺到他們就在我身旁。
走吧！
今天要好好喝個夠！

木座製菓 株式会社
另一方面，競爭對手的木座點心廠……
咦咦咦！
爸爸！我們要被本地進駐的廠商收購是真的嗎!?
是真的。他們是規模比我們更大的大型點心廠商。
但是，只要你和他們的女兒結婚，他們就願意伸出援手。
結、結婚？怎麼可以擅自…！
……成男，去和這女孩結婚！
恐龍！

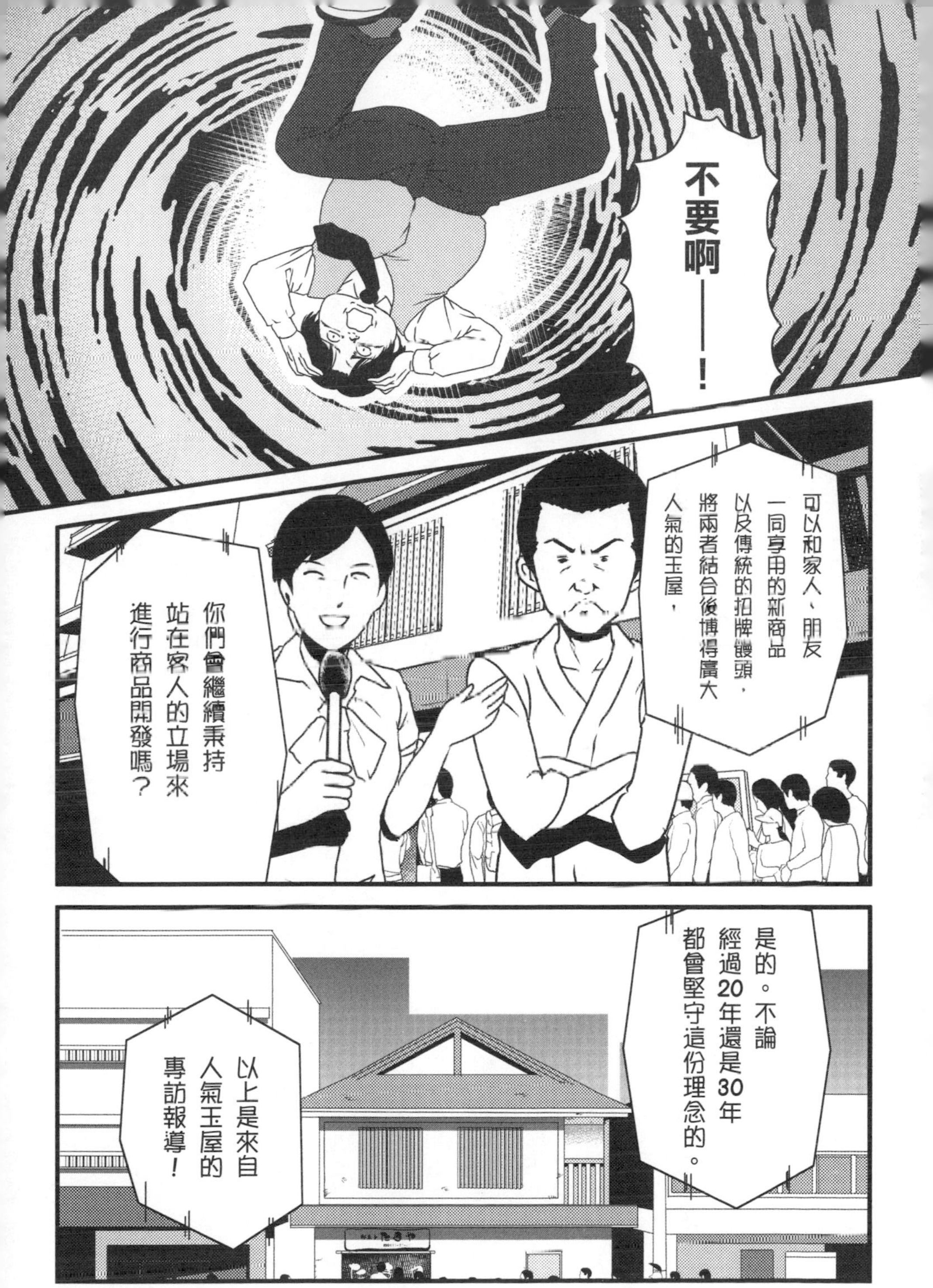
不要啊——!
可以和家人、朋友一同享用的新商品以及傳統的招牌饅頭，將兩者結合後博得廣大人氣的玉屋，
你們會繼續秉持站在客人的立場來進行商品開發嗎？
是的。不論經過20年還是30年都會堅守這份理念的。
以上是來自人氣玉屋的專訪報導！

## 01

# 擄獲客人芳心的重要性

從以前到現在，人們總說經商是以客人為尊。如果未能滿足客人，不但無法創造接下來的營收，惡評還可能傳到其他客人的耳裡。想要維持、擴大營收，持續滿足客人是不可或缺的一環。這樣的概念稱為顧客滿意或者CS（Customer Satisfaction）。

在競爭企業、競爭商品風起雲湧的現代，顧客滿意度比過去更顯重要。如果客人滿意商品、服務，不只會繼續使用該商品、服務，也會幫忙向周遭推薦。相反地，如果客人覺得不滿意，不要說繼續使用該商品或服務，甚至還可能傳出惡評。每一位客人的滿意度很重要，而且各自的滿意度也會對周圍帶來很大的影響。就企業中長期的經營來看，顧客滿意度舉足輕重。

**要說提高顧客滿意帶來營收變化的重要性，可舉終身價值（LTV）的思維來說明。**

## 終身價值及其計算公式

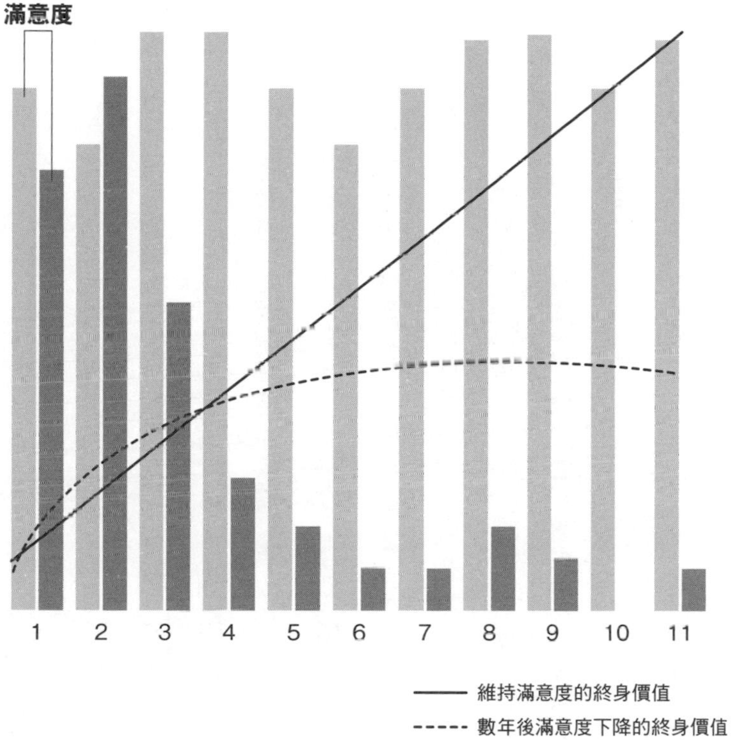

滿意度
1
2
3
4
5
6
7
8
9
10
11
維持滿意度的終身價值
數年後滿意度下降的終身價值


**顧客終身價值（Lifetime Value）**

**＝ 年營收 × 收益率 × 持續年數**

一般來說，維持高滿意度的顧客，會繼續選用同樣的商品、服務。如果感到十分滿意的話，就不會輕易地替換成別的商品、服務。就結果來說，從該位客人身上累積的營收會隨著時間不斷增加。相反地，滿意度低則使用頻率低下，沒有繼續選用的話，總營收也會跟著減少。而每位顧客一生所利用特定的店鋪、商品、服務，其所可能支付的總金額稱為終身價值。企業會採取各種市場行銷，以期最大化顧客終身價值。**提高顧客滿意度、最大化終身價值，是市場行銷的重要課題。**

想要提高終身價值，必須與顧客建立長久的關係。所以，顧客對企業的關心程度，以及怎麼理解自身與企業的關係，具有非常大的影響。

新顧客喜歡上某企業或某商品的話，會成為重複利用的老顧客。再增加對客人的關心，則會進一步讓客人變成支持者或代言人。像這樣將顧客與企業的關係分階段討論的概念，稱為「顧客進化」。**透過與顧客建立良好的關係，企業就能夠維持、擴大、增長營收與利益。**

# 顧客進化

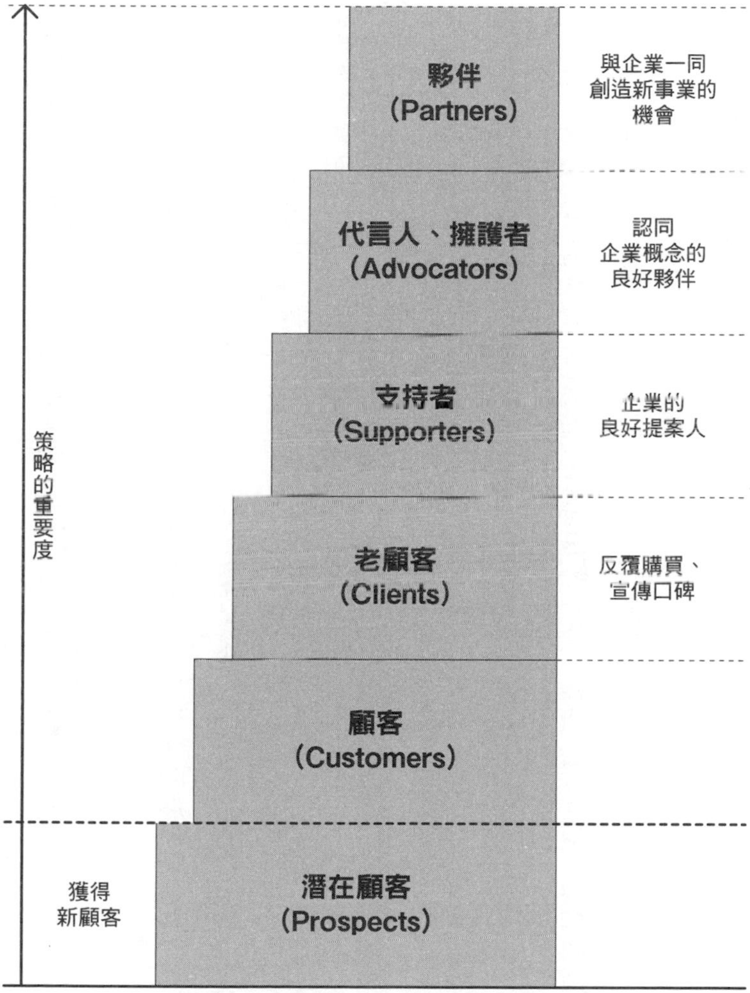
夥伴
(Partners)
與企業一同
創造新事業的
機會
代言人、擁護者
(Advocators)
認同
企業概念的
良好夥伴
支持者
(Supporters)
企業的
良好提案人
老顧客
(Clients)
反覆購買、
宣傳口碑
顧客
(Customers)
潛在顧客
(Prospects)
獲得
新顧客
策略的重要度

（引自）《通勤大學MBA2　市場行銷》Global Taskforce著，
青井倫一監修，總合法令出版（通勤大學文庫）

02

# 構成顧客滿意的「本質機能」與「表層機能」

顧客滿意金字塔是將顧客滿意度的構成要素，根據事前的期待區分為兩個種類。

第一種是本質機能，顧客認為理所當然應有的機能、服務。因為顧客事前就已經知道，會認為提供這些機能、服務是理所當然的。雖然對顧客來說是不可欠缺的機能，但如果過度提高這方面的機能，顧客滿意度也難以提升。然而，如果本質機能未能達到一定的水準，顧客滿意度就會瞬間跌落。

第二種是表層機能，是顧客沒有期待的機能、服務。因為顧客事前並不知道，所以當接受這些機能、服務的時候，會分外感到驚喜。

**想要提高顧客滿意度，除了滿足本質機能之外，增加、提升表層機能的數量及層級也非常重要。**

## 顧客滿意度的構成要素與金字塔

| 機能 | 顧客的期待 | 達成 | 未達成 | 關鍵 | 範例（車子） |
|---|---|---|---|---|---|
| 本質機能 | 理所當然接受、期待的機能。 | 不會感到不滿意（但不會提高滿意度）。 | 感到不滿意。 | 稍有欠缺，滿意度便會瞬間跌落。 | ·驅動 |
| 表層機能 | 不會認為理所當然、但有的話會感到高興的機能。 | 滿意度提升。 | 僅無法滿意（但也不會感到不滿意）。 | 滿足一項便能提高滿意度。 | ·品牌形象<br>·行駛性能<br>·舒適感 |

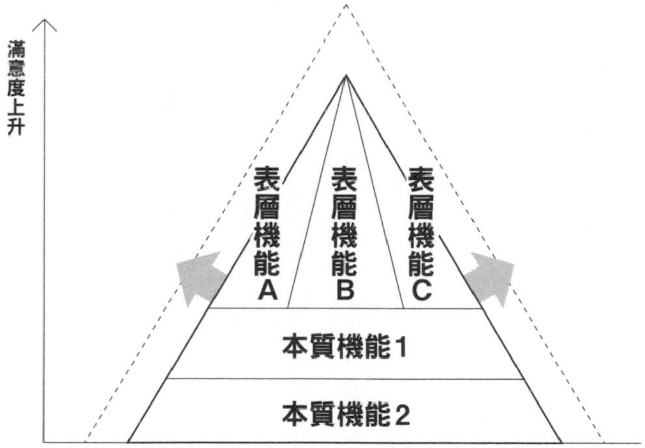

## 03

# 抓住上層顧客

全體構成的80％可由上層20％達成的經驗法則，稱為「80對20法則」。這項法則可以應用於很多地方，在各大場合也時有耳聞。其他不同的稱呼還有「20－80法則」、「2：8法則」、「80－20規則」等等。

在商業界中，經常提到經驗法則為：「營收（利益）的80％來自於上層20％的客人」。雖然這會因顧客數、販售商品的不同，出現90對10、70對30等不同的比例，但規模愈大、顧客數愈多，就愈接近這項法則的比例。

再來，將這項法則套用到營收上，可得到「店鋪營收（利益）的80％來自上層20％的商品種類」的經驗法則。

暢銷商品、優良顧客帶來店鋪泰半的利益。與高頻率、高消費的上層顧客維持良好關係，能夠最大化終生價值。

## 80對20法則

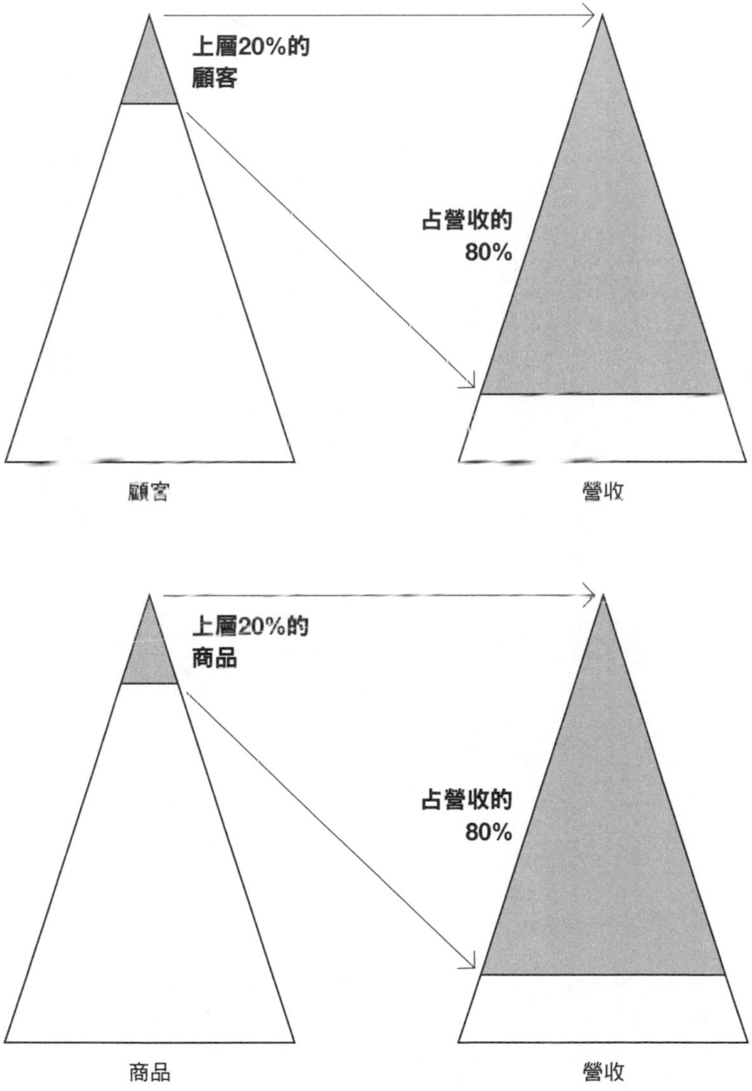
上層20%的
顧客
占營收的
80%
顧客
營收
上層20%的
商品
占營收的
80%
商品
營收

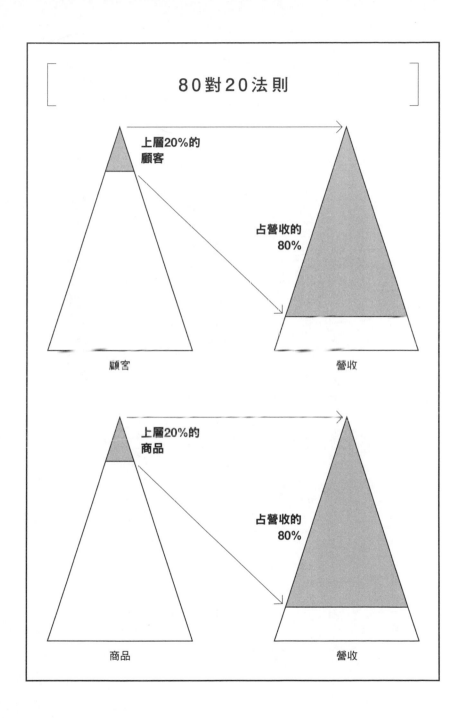

## 04

# 為什麼顧客滿意度那麼重要？

除了「80對20法則」之外，還有其他法則也詮釋了顧客滿意度的重要性。其中較為有名的有「1對5法則」、「5對25法則」。

「1對5法則」是指，獲得新顧客成本是維持既存顧客成本的5倍。這在經營會員制服務、重複性商品的業界上，是廣為人知的重要法則。既有顧客因為已有過服務、商品的使用經驗，僅靠DM、特賣等比較簡易的促銷策略，即能吸引他們再次消費。然而，新顧客因為沒有使用過該項商品、服務，需要大幅度降價、提供試用品等積極的促銷策略，其所花費的成本相當於既有顧客的5倍。

另一方面，若能減少5％的顧客離棄率，收益能改善至少25％。由這項調查結果推導出來的「5對25法則」，也是相當重要的經驗法則。

會員制度、重複性商品等公司，非常適用這項法則。若能減少既存顧客的離棄，除了「1對5法則」所表示的獲得新顧客的成本，還能降低每次的交易成本、販售管理成本。而且，這樣還可能創造好口碑，大幅改善收益。

透過上述顧客滿意的相關法則、感到滿意的顧客回購可增進營收，讀者是否看到如何最大化終生價值，以解決市場行銷的這個重要課題呢？請讀者一定要一面享受其中的過程，一面結合各種方法來最大化終身價值。

## 顧客滿意的相關法則一覽

| 法則名稱 | 概要 |
|---|---|
| **1對5法則** | 獲得新顧客的成本約是維持既有顧客成本的5倍。對經營會員制服務、重複性商品的業界，這項經驗法則特別重要。 |
| **5對25法則** | 若能減少5%的顧客離棄率，收益最少能改善25%，這項調查結果詮釋了顧客維持的重要性。 |

## 参考文献

●『コトラーのマーケティング・コンセプト』フィリップ・コトラー著、恩蔵直人、大川修二訳、東洋経済新報社
●『マーケティング・マネジメント』フィリップ・コトラー著、村田昭治監修、小坂恕、三村優美子、疋田聰訳、プレジデント社
●『マーケティング原理』フィリップ・コトラー、ゲイリー・アームストロング著、和田充夫訳、プレジデント社
●『新訂　競争の戦略』M・E・ポーター著、土岐坤、服部照夫、中辻万治訳、ダイヤモンド社
●『競争優位の戦略』M・E・ポーター著、土岐坤訳、ダイヤモンド社
●『戦略市場経営』D・A・アーカー、野中郁次郎、北洞忠宏、嶋口充輝、石井淳蔵訳、ダイヤモンド社
●『創造的模倣戦略』スティーヴン・P・シュナーズ、恩蔵直人、嶋村和恵、坂野友昭訳　有斐閣
●『マーケティング戦略』スティーヴン・P・シュナーズ、内田学監訳、山本洋介訳、PHP研究所

## 参考文献

●『ゼミナール・マーケティング入門』石井淳蔵、嶋口充輝、栗木契、余田拓郎著、日本経済新聞社
●『ブランド要素の戦略論理』恩蔵直人著、亀井昭宏編、早稲田大学出版部
●『改訂版　シンプルマーケティング』森行生著、ソフトバンククリエイティブ
●『経営用語の基礎知識』野村総合研究所編著、ダイヤモンド社
●『マーケターの仕事』小島史彦著、日本能率協会マネジメントセンター
●『60分間企業ダントツ化プロジェクト』神田昌典著、ダイヤモンド社
●『ＭＢＡのマーケティング』ダラス・マーフィー著、嶋口充輝、吉川明希訳、日本経済新聞社
●『もっと早く受けてみたかったマーケティングの授業』内田学監修、伊藤直哉著、ＰＨＰ研究所
●『通勤大学ＭＢＡ２　マーケティング』グローバルタスクフォース著、青井倫一監修、総合法令出版
●『マーケティングがわかる辞典』棚部得博著、日本実業出版社
●『世界一わかりやすいマーケティングの本』山下貴史著、イースト・プレス
●『心理マーケティングの技術』重田修治著、ＰＨＰ研究所
●於ＩＶＣ研討會中使用的各種文書資料及商務書籍
還有其他各種網站

麥卡錫的4P……180
創新者……098
創新擴散理論……098
場所心理……206、207
尊重需求……096
替代品……120
最低品質保證價格……204
最高價格……204
策略範圍……053、122
買方……042、045、120
「開放式」流通……208
「間接式」流通……208
階段性實施策略……116
想要……092、094
意見領袖……098
新加入業者……120
業界內的競爭業者……120
溝通組合……194
落後者……100
資金的風險承擔機能……212
資訊傳達機能……212
撤退策略……116
需求導向型……202
需要……092、094
需要與想要的矩陣……094
領導者……128
價格……180
價格策略……181
廣告……194
標語口號……186
模仿策略……124
潛在顧客……044
獎勵……200
調節供應機能……212
賣方……042、045、120
銷售取向……050
銷售策略……192

## 16～20劃

導入期……188
整數價格……207
機會……114
積極的進攻策略……116
優勢……114
聲望價格……207
擴大市場占有率策略……124
競爭地位別策略……128
競爭對手分析……112
競爭導向型……202
競賽……200

## 21～23劃

顧客……044
顧客分析……112
顧客進化……232
顧客滿意……230
顧客滿意金字塔……234
邏輯……041

利基者……128
妥協價格……204
尾數價格……207
批發……212
批發業者……212
早期採行者……098
早期參與者……098
拉式策略……192
明星……214
物流機能……212
「直接式」流通……208
社交需求……006
社會取向……050
表層機能……234
金牛……214
促銷……180
促銷組合……194
促銷策略……192
品牌……184
品牌名稱……186
品牌認知……184
品牌價值……207
品牌聯想……184
威脅……114
客人……044
宣傳歌曲……186
挑戰者……128
活動……200
流通……180
流通策略……208
相對市場占有率……214
相對量的經營資源……128
相對質的經營資源……128
科特勒的購買決定過程……090
美國市場行銷協會……049
降價……200
差異化策略……116、124、126
差異化集中策略……126
消費者……044
病毒式行銷……066
衰退期……189
追隨者……128
馬斯洛的需求層次理論……096

## 11～15劃

區隔……142
區隔策略……124
商品……180
商品策略……181、182
商品生命週期……188
商圈……210
商標標誌……186
問題……214
強者的模仿策略……124
情感……041
推式策略……192
敗犬……214
晚期採行者……100
理想價格……204
商品取向……050
商品差異化策略……124
商品組合管理……214
第一視點……045
第二視點……045
第三視點……045
終身價值……230、232
販售促銷……194
通路策略……208
「閉鎖式」流通……208

# 索引 index

## 英數字


1對5法則……238
4P……180
5對25法則……238
80對20法則……236
AD……194
AIDMA法則……086
AMA……049
Company……112
Competitor……112
CS……230
Customer……112
Customer Satisfaction……230
JMA……049
LTV……230
Opportunity……114
Place……180、208
PPM……214
PR……194、198
Price……180、202
Product……180、182
Promotion……180、192
PSM分析……204
Sale Promotion……200
SP……194、200
STP……140
Strength……114
SWOT分析……114
SWOT交叉分析……116
Threat……114
Weakness……114


## 2～5劃


人物角色……186
人員販售……194
三大基本策略……126
五力模型……120
內部環境……114
公司內部分析……112
心理錢包……207
日本市場行銷協會……049
加購提案……207
包裝設計……186
外部環境……114
市場取向……050
市場定位……148
市場成長率……214
市場調查……054
本質機能……234
生活者……044
生理需求……096
生產取向……050
目標行銷……144


## 6～10劃


劣勢……114
回饋……200
安全需求……096
成本集中策略……126
成本導向型……202
成本導向策略……126
成長期……188
成長需求……096
成熟期……188
自我實現需求……096
行銷組合……180
行銷策略……124
行銷概念……050

【作者介紹】
## 安田貴志（YASUDA TAKASHI）

畢業於理工學系，歷經市場調查、顧問等職務後，在綜合通信販售公司擔任商品研發顧問及行銷管理。他為商品建立品牌，實現一年提升數億日圓營收的販售促銷策略，對公司的成長有著莫大的貢獻。之後他任職於網購公司，並為擴張業務內容，致力於業務改善及業務效率化等。
現在則參與IVC計畫，目標是建構能改變物品價值的情報及能提供該類情報的資訊。並以各行各業的雇主為對象，進行諮詢及協助開發新事業。
其擅長領域從擬定符合現場的行銷策略、公關策略，到建立通信販售事業等等。
另外，他也曾參與以活用現場行銷為題的討論會與演講，及著述相關主題。
座右銘是「行雲流水」。
著作有《はじめて学ぶマーケティングの本》（日本能率協会マネジメントセンター）等。

yasuda@intelligence-value.com

國家圖書館出版品預行編目資料

超好懂商業入門市場行銷 / 安田貴志著 ;
丁冠宏譯. -- 初版. -- 臺北市 : 臺灣東販,
2017.03
248面 ; 14.7×21公分
ISBN 978-986-475-286-7（平裝）

1.行銷管理 2.行銷策略

496 106001417



# 超好懂商業入門
# 市場行銷

2017年3月1日初版第一刷發行

著　　者　安田貴志
繪　　者　重松延壽
譯　　者　丁冠宏
編　　輯　劉皓如
美術編輯　黃盈捷
發 行 人　齋木祥行
發 行 所　台灣東販股份有限公司
＜地址＞台北市南京東路4段130號2F-1
＜電話＞（02）2577-8878
＜傳真＞（02）2577-8896
＜網址＞ http://www.tohan.com.tw
郵撥帳號　1405049-4
法律顧問　蕭雄淋律師
總 經 銷　聯合發行股份有限公司
＜電話＞（02）2917-8022
香港總代理　萬里機構出版有限公司
＜電話＞ 2564-7511
＜傳真＞ 2565-5539



TOHAN